Silvia Hüllenkremer

HUNDE TRAINING

**Menschen trainieren Hunde,
Hunde therapieren Menschen.**

KLECKS VERLAG

Inhaltsverzeichnis

Teil 1

Gründe für ein ganzheitliches Hundetraining 9

1. Warum ein Buch zu diesem Thema? 9
2. Erläuterungen zum ganzheitlichen Hunde-
training 12
3. Besondere Fähigkeiten und Aufgaben
von Hunden 14
4. Seelenspiegel was heißt das? 17
5. Meine Motivation und Entwicklung bezüglich
unkonventioneller Trainingsbausteine 19
6. Faktoren zur Erziehung und Ausbildung
von Hunden 25

Teil 2

Wissen über Erziehung für Ihren Alltag.

Sichtweisen auf Trainingsmöglichkeiten.

Grenzen für Hundetraining. **29**

1. Welche Rolle spielt die Trainingsmethode? 29
2. Grenzen und Verantwortung beim Hunde-
training 38
3. Erziehung von Welpen 49
4. Die schwierige Zeit der Pubertät 55
5. Erzieherische Grundlagen 65
6. Grundlagen der Führung 74
7. Verhalten von Menschen im Alltag 79

Teil 3

Seelenspiegel und Wahrnehmung **87**

1. Erkennen des Seelenspiegels 87

2.   Reicht reguläres Training aus oder sind
Seelenspiegelungen immer mit zu beachten?...92

3.   Menschen nehmen die Verhaltensweisen
ihrer Hunde verschieden wahr. 100

4.   Wie wir Erkenntnisse erhalten 105

5.   Intensive Telefonate und Begegnungen 112

Teil 4

**Informationen über Tier- und Familienaufstellungen
und Quantenheilungen, psychologisches Coaching,
Homöopathie.**

Anwendungsbeispiele und Erfahrungen von Kunden 119

1.   Über Tier- und Familienaufstellungen 119

2.   Was ist Quantenheilung? 125

3.   Wirkweise von homöopathischen Arzneien ... 130

4.   Unsere Zusammenarbeit mit der
Heilpraktikerin Angela Reinhardt 132

5.   Partnerschaft mit einem Kollegen
und sein Weg der Veränderung 135

6.   Anwendungsbeispiele aus meiner Praxis 140

7.   Über mögliche Veränderungen der
Menschheit und informative Hintergründe
zur Energiearbeit 169

Teil 5

SCHLUSSBEMERKUNGEN 175

1.   Zu den Inhalten des Buches 175

2.   Quellenverzeichnis und Anregungen
zu Büchern und DVDs 179

3.   Dank 183

TEIL 1

GRÜNDE FÜR EIN GANZHEITLICHES HUNDETRAINING

1. Warum ein Buch zu diesem Thema?

Vielleicht haben Sie dieses Buch nur gekauft, weil Sie Probleme mit Ihrem Hund haben und einfach keine Lösung finden. Vielleicht möchten Sie auch einfach nur mehr über einen ganzheitlichen Umgang mit Ihrem Hund wissen. Oder Sie sind verunsichert und fragen sich, ob Sie alles richtig machen und ob das Verhalten Ihres Hundes möglicherweise doch mit Ihnen zu tun haben könnte. Oder Sie haben vielleicht einfach nur den Wunsch, wieder gerne mit Ihrem Hund spazieren zu gehen. Ohne Ängste und Sorgen, was Ihr Hund in dieser oder jener Situation für ein Verhalten zeigen könnte.

In diesem Buch möchte ich, Silvia Hüllenkremer, sowie auch Partner von mir über eine lösungsorientierte Arbeit mit dem Team Mensch-Hund berichten. Das heißt, unser Team der Hundeschule *Hundehalterberatung.eu* hat erarbeitet, wo genau die entsprechenden Problemlösungen für die jeweiligen Hundehalter zu finden sind. Im Vordergrund unserer Arbeit steht immer, herauszufinden, was man tun müsste oder wie der Hundehalter und/oder der Hund sich entwickeln sollte(n), damit sich die Ursachen für ein unerwünschtes Verhalten auflösen bzw. der erwünschte Zustand eintreten kann.

Ich werde für Sie in diesem Buch die wichtigsten Gründe bezüglich eines ganzheitlichen Hundetrainings zusammenfassen. Zumindest aus meiner jetzigen Sicht. Sie erfahren einiges über allgemeine Themen der Hundeerziehung und Führung von Hunden sowie über wissenschaftliche Hintergründe. Sie werden auch über Erfahrungen unserer Kunden lesen können und darüber, wie wir mit unserer praktischen Tätigkeit den Menschen und ihren Hunden helfen konnten. Ich hoffe, dass meine Berichterstattungen oder die unserer Kunden Sie hier und da berühren werden. Und das eine oder andere Schmunzeln wird Ihnen sicherlich auch entlockt werden.

Dieses Buch ist speziell für Hundehalter und Trainer, aber auch für Menschen geeignet, die sich mit Tieren beschäftigen und offen sind für eigene bzw. persönliche Veränderungen. Dieses Buch soll dabei helfen, ein Umdenken in Bezug auf Hundetrainingsmaßnahmen in Bewegung zu bringen.

Es könnte eine Hilfestellung für Hundehalter sein, die schon vieles versucht haben, um einem ›unerwünschten‹ Verhalten des Hundes entgegen zu wirken bzw. für jene, die mit üblicher Konditionierung und vielen Trainingsmethoden keinen Erfolg hatten. Es ist ein Buch für diejenigen, die mehr über sich selber und ihren Hund wissen und erfahren wollen. Möglicherweise wird Ihnen beim Lesen dieser Lektüre bewusst, dass Sie lange Zeit nur einen Teil bei der Hundeerziehung bedacht haben.

> »*Eigentlich ist es erfreulich für jeden Trainer, mit lebhaften Menschen und ihren aufgeweckten Hunden zu arbeiten, denn diese Menschen sind oft sehr engagiert. Sie nutzen das Zusammensein mit ihrem Hund, um die Selbstbeherrschung, Langsamkeit und Gelassenheit zu erwerben, die sie für diesen Hund brauchen. Findet dieser Lernprozess jedoch nicht statt, kann der Hund mit der Zeit immer nervöser werden.*«
>
> Maria Hense, Der hyperaktive Hund, S. 49.

Sicherlich stellt sich oft die Frage, an welchem Punkt beim Hundetraining Grenzen erreicht sind. Gibt es da noch mehr, was im Zusammenhang steht, einen Einfluss hat? Gibt es Möglichkeiten, die Sie vielleicht noch nicht bedacht haben? Mein Anliegen ist es, Zusammenhänge aufzudecken, um Einiges aus einem anderen Blickwinkel betrachten zu können. Oftmals habe ich den Satz von meinen Kunden gehört: »Ich hätte nie gedacht, dass ich beim Hundetraining eine so tief greifende Hilfe erfahre.« Wenn Sie in diesem Buch auch nur eine einzige Idee zur Verbesserung Ihrer Lebensqualität und der Ihres Hundes für sich nutzen können, hat sich für mich das Schreiben gelohnt. Und Sie können mir glauben, es war anstrengend, aber auch eine tolle Erfahrung. Viele Menschen haben mit ihren Ideen und ihrer eigenen Geschichte dabei geholfen. Und auch damit habe ich einige Menschen glücklich gemacht, mir etwas zurückgeben zu können.

Es könnte sein, dass die ungewöhnlichen Wege und Erfahrungen aus meiner Tätigkeit als Hundetrainerin für

Sie neu sind. Vielleicht erfahren Sie aber somit von Möglichkeiten, die Ihnen im Einzelnen oder im Zusammenhang noch nicht bewusst waren. Ich hoffe, ich kann Ihnen mit meinem Buch dabei helfen, für Sie Impulse zu setzen, mit denen Sie Ihr Leben und das Leben Ihres Hundes mit anderen Augen sehen werden.

Es ist mein Wunsch, dass ich Ihnen mit diesem Buch Informationen und Motivation bieten kann, für Sie Neues auszuprobieren bzw. Altes zu hinterfragen.

Ich wünsche Ihnen eine spannende Zeit beim Lesen.

2. Erläuterungen zum ganzheitlichen Hundetraining

Wir bieten ein Paket an, das sich aus Training mit Hund und Mensch, Gesprächs-Coaching und Homöopathie, Tier- und Familienaufstellungen und Quantenheilung zusammensetzt. Unseren Kunden bieten wir dafür spezielle heilpraktische Unterstützung an. Wir beziehen uns in diesem Buch nicht auf die so genannte ›Tierkommunikation‹. Mit der von uns angebotenen speziellen Kombination, können Hundehalter viele Zusammenhänge und Hintergründe aus einem anderen Blickwinkel betrachten; vieles konnte gar erst mit den Bausteinen des gesamten Paketes gelöst werden. Manchmal ist Training nicht ausreichend oder aus verschiedenen Gründen nicht in ausreichender Form durchführbar. Menschen können oft nichts für ihre innere Haltung. Die Halter haben nicht genug Souveränität, Ruhe oder Klarheit, sie leiden unter Ängsten, Blockaden, Traumata und vielem mehr. Und vielen von uns ist das nicht einmal bewusst.

Es gibt in Deutschland immer mehr Schulen mit ganzheitlichen Trainingsansätzen. Dass wir Tiere mit unseren Stimmungen (Energie/Ausstrahlung) beeinflussen, ist vielen Menschen bekannt, nur: Welche Lösung könnte es geben? »Sei einfach gut drauf, dann geht es auch deinem Hund besser.«; »Sei mal präsenter, ruhiger, gelassener oder dominanter.« usw. Ja, das hört sich hin und wieder logisch an (ist auch oft korrekt), aber kann das in der Praxis jeder so eben mal umsetzen? Sie selbst haben sicherlich schon oft feststellen müssen, dass man nicht so einfach seine Gewohnheiten und inneren Haltungen verändern kann. Diese ›Stimmungen‹ und unsere ›Ausstrahlung‹ haben natürlich Ursachen.

Hunde sind wunderbare Wesen, die uns in ihrer hündischen Liebe spiegeln und uns den Weg weisen können. Das heißt z.B.: Hunde wollen mit ihrem Verhalten auf etwas aufmerksam machen, auch auf Probleme, die die Halter in sich tragen. Ungelöste Konflikte, Ängste, Blockaden und vieles mehr. Wenn Menschen das annehmen, können Dinge geschehen, die ihr Leben verändern. Es ist wunderschön, sich zu trauen. Ich hoffe, in diesem Buch werden Sie sich Stück für Stück durch einige Zusammenhänge und Praxisbeispiele für eine andere Sichtweise öffnen können. Denn für uns alle hat die Lebenseinstellung und Energie/Ausstrahlung persönliche Ursachen und auch Auswirkungen. In diesem Buch werden viele Lösungsmöglichkeiten angeboten und diese auch in ihrer möglichen Wirkung erklärt. Es ist bekannt, dass Hunde ihre Menschen spiegeln, aber was heißt das genau? Es ist den meisten Haltern auch bekannt, dass Hunde Führung brauchen, aber wenn das nicht so einfach für die Halter umzusetzen ist, sind viele von ihnen ratlos. Denn so viele ausgeglichene Hunde es gibt, so gibt es auch hektische, ängstliche, traumatisierte, aggressive, seelisch oder körperlich kranke Hunde, die nicht mehr abholbar sind oder Konflikte z.B. nur mit ihren Zähnen lösen wollen. Das heißt z.B. sich steif machen, Zähne zeigen oder knurren wird nicht mehr vor einem Angriff als Warnung eingesetzt – mit anderen Worten: Die sog. Deeskalationsstufen sind abgebaut. Und wir wissen alle, dass viele Menschen in ihrem Leben überfordert sind. Ängste, Blockaden, Depressionen, Unzufriedenheit und Krankheiten wie Rückenleiden und Burnout (um nur einige zu nennen) sind leider alarmierend häufig anzutreffen. Veränderungen brauchen Wissen, Geduld und die Fähigkeit, sich auseinander setzen zu können. Es ist ein Prozess, in dem wir uns alle jeden Tag befinden.

3. Besondere Fähigkeiten und Aufgaben von Hunden

Im Alltag helfen uns Hunde, die Natur intensiv zu erleben und bringen uns gleichzeitig in Bewegung. Sie können Stimmungen anzeigen, trösten, beruhigen und Einsamkeitsgefühle ausgleichen. Unsere Hunde sind manchmal wunderbare Kontaktbörsen, sie berühren unsere Seele. Ja, es gibt unendlich viele wunderbare Hunde. Nicht zu vergessen die, die uns Menschen in Rettungsstaffeln, in Altersheimen, in Schulen und Kindergärten helfen. Viele Blinde und/oder anderweitig behinderte Menschen sind auf diese tierischen Helfer angewiesen. Manche können sogar Krankheiten riechen, vor Anfällen wie z.B. Epilepsie oder Über-/Unterzuckerung warnen. Fühlen sie die Energie der Menschen oder lernen sie über ihren Geruchssinn? Forschungen gibt es hierüber viele, aber wissenschaftlich bewiesen ist noch nichts.

> »Tiere vermögen energetische Schwingungen wahrzunehmen, aber das Riechen ist bei ihnen am zweitstärksten ausgeprägt – bei Hunden sind Energie und Geruch offenbar eng miteinander verknüpft.«
>
> Cesar Millan, Tipps vom Hundeflüsterer, S. 92.

Menschen, die diese Fähigkeiten der Hunde nutzen und/oder einsetzen, sind überzeugt davon, dass sie ›fühlen‹. Hunde haben unglaubliche Fähigkeiten und sind ihren Instinkten näher als der moderne Mensch es heute ist. Sie können Erdbeben im Vorfeld ›fühlen‹, sie können Magnetfelder der Erde wahrnehmen, sie haben einen sog. inneren Kompass. So ist es bei Menschen auch, nur ist uns dies aus vielen Gründen nicht immer bewusst.

Es gibt aber auch noch andere Jobs, die Hunde für uns übernehmen können. Auch diese sind nicht immer auf den ersten Blick zu erkennen. Nach meinen Erfahrungen sind Hunde gerne Helfer der Menschen. Aus Liebe zu ihren Haltern. Was heißt das genau?

Manchmal zeigen sie mit Verhaltensauffälligkeiten (z.B. Ängsten, Phobien, Aggressionen, Hyperaktivität) und Krankheiten an, dass etwas mit ihren Haltern nicht in Ordnung ist. Während der Tieraufstellungen (s. Teil 4 dieses Buches) stellt sich oft heraus, dass das Familiensystem nicht in Balance ist. Ein Beispiel: Der frühere geliebte Hund musste eingeschläfert werden, der Halter oder die Halterin konnten nicht ausreichend trauern. Ein neuer Hund findet dann keinen Platz in der Familie und entwickelt oft eine o.g. Verhaltensauffälligkeit. Kann die Trauer auf seelischer Ebene nachgeholt werden, passieren oft Wunder bzw. erlebt die Familie plötzlich einen sehr entspannten Hund.

Anders ausgedrückt: Unsere Hunde spiegeln unsere Emotionen. Dies passiert wohl, weil ihre Instinkte und ihr feines Gespür für ausgeglichene Rudelstrukturen alles in ihnen aktiviert. Sie brauchen Ordnung im Familiensystem, dies ist für sie überlebenswichtig. Nach vielen Jahren der Forschung haben Wolfsbeobachter dieses bestätigen können. Einige Bausteine unseres Konzeptes bauen genau darauf auf. Rein genetisch lebt in unserem Hund immer noch der Wolf. Auch in Familien von Menschen sollte der, für die Sicherheit Zuständige, an erster Stelle stehen. Wie ist das bei Ihnen und Ihrem Hund?

> »*Stattdessen richtete ich meinen Blick auf diese Geschöpfe und spürte etwas, das ich nur als spirituelle Verbindung zu ihnen beschreiben kann. Jener Wolf im Zoo hatte in meine Seele geschaut und den Kummer darin gesehen, den meine Kindheit geprägt hatte. Anscheinend spüren diese Wölfe meinen Kummer und meine Scham, und irgendwie hatte ich das Gefühl, dass sie der Schlüssel zu meiner Erlösung waren.*«
>
> Shaun Ellis, Der mit den Wölfen lebt, S. 88.

4.   Seelenspiegel was heißt das?

Neben dem Training mit Mensch und Hund gehört zum ganzheitlichen Training, das wir anbieten, oft auch die Frage, ob der Hund die Verhaltensweisen des Halters spiegelt. Auch gehen wir, gemeinsam mit den Haltern, der Frage nach, was er für sich braucht, um seine Probleme zu erkennen oder gar zu lösen. Es gibt manchmal Dinge, die es Haltern unmöglich machen, die Trainingsinhalte umzusetzen. So einfach sie für den ein oder anderen auch sein mögen. Und so gut wie manche Trainingskonzepte auch oft sind. Es gibt Hunde sowie auch Halter, denen auf Trainingsebene alleine kaum geholfen werden kann, weil sie zum Beispiel traumatisiert sind oder Ängste haben. Deshalb möchte ich an dieser Stelle erklären, was mit dem Seelenspiegel genau gemeint sein kann.

Folgendes können alles Gründe sein, warum uns Hunde spiegeln. Sie machen mit ihrem Verhalten also aufmerksam auf:

- Stress oder Probleme des Hundehalters (in welchem Bereich auch immer)
- Instabilität
- mangelndes Selbstvertrauen
- nicht Loslassen-Können
- eine belastende Partnerschaft
- keine Abgrenzung oder Liebe zur Herkunftsfamilie
- Ängste und Sorgen
- schlechtes Auskommen mit Menschen des täglichen Lebens
- einen belastenden Freundes- und Bekanntenkreis zu haben
- nicht gelebte Emotionen

Haben Sie sich auch schon einmal gewünscht, es gäbe eine Möglichkeit, sich in die Gedanken und Gefühle von Hunden zu versetzen?

Ja, diese Möglichkeit gibt es:

Unsere Themen, Glaubensmuster, emotionalen Erfahrungen, Lebenseinstellungen manifestieren sich in Form von Energien in unserem Energiefeld, im sog. ›wissenden Feld‹ oder morphogenetischen Feld; manche nennen es auch Aura. (Die Hintergründe hierzu werden im 3. und 4. Teil des Buches genau erklärt.) Ihr Hund spürt diese belas-

tenden Energien und reagiert entsprechend. Oft übernimmt er sogar Energien oder Krankheiten vom Besitzer
oder einzelnen Familienmitgliedern (oft auch, wenn sie
nicht mehr im Haushalt wohnen) oder von verstorbenen
Hunden oder Menschen.

Tiere stellen sich als Seelen-Spiegel zur Verfügung. In
meiner Praxis habe ich immer wieder festgestellt, dass
Themen, die beim Menschen angenommen und verändert werden, beim Hund eine sofortige Veränderung
bewirken. Bei Menschen natürlich auch. Es entsteht ein
neues Lebensgefühl.

Wir müssen unsere Hunde nur ganz genau beobachten,
die Möglichkeit des Spiegelns unserer eigenen Gefühle
im Auge behalten, und sind somit in der Lage, das Verhalten des Hundes zu verstehen.

5. Meine Motivation und Entwicklung bezüglich unkonventioneller Trainingsbausteine

Wir (mein Mann und ich) haben heute 3 Briards; wir sind
Fans dieser Rasse. Wir haben mit unseren Hunden Dinge
erlebt, die uns auf diesen Weg geführt haben. Unser erster Rüde ist heute 10 Jahre alt, er spiegelt meinen Mann;
das heißt für mich, ich konnte vieles von beiden lernen.
Beide sind ruhig und ausgeglichen. Ich bin beiden für unendlich viele Dinge dankbar. Unsere Hündin (heute 5
Jahre alt) hat einige genetische Dinge mitgebracht, auch
über die ersten Wochen nicht wirklich positiv prägende

Dinge erlernt, wie so viele andere auch. Darauf habe ich mich lange berufen bei ihren Problemen. Ich war oft verzweifelt. Ich habe vieles gemacht und ausprobiert; von Begleithundeprüfungen über die erste Lind-Art-Prüfung, lange Zeit Obedience und viele Spaziergänge mit anderen Hunden. Ich habe viele Hundeschulen und Vereine aufgesucht – mit vielen guten aber auch weniger guten Ansätzen. Sie ist eine sehr gut gearbeitete und gut konditionierte Hündin, die auf jedem Turnier glänzen würde. Trotzdem änderte es nichts an ihrer Unruhe und Impulsivität. Sie schickte jeden Hund in bestimmten Situationen wild keifend weg, meist aber nur, wenn sie an der Leine war. Sie stand immer unter Strom. Sie wurde von einem Hund angegriffen als sie erst 3 Monate alt war. Die Zusammenhänge verstand ich erst später.

Unser erster Rüde war zu dem Zeitpunkt ausgeglichen und völlig okay. Warum, so fragten wir uns, hatte also nur unsere Hündin diese Probleme? Einige werden sich hier wieder erkennen. Warum war unser früherer Hund nicht auffällig? Was soll es also mit mir zu tun haben? Ich kann ihnen dazu z.B. sagen, dass sich bei einer Unterhaltung mit Hundehaltern oft herausstellte, dass der frühere Hund auch hier und dort auffällig war. Das fiel aber im Alltag nicht so auf oder man hat es verdrängt. Es war auch oft der Fall, dass diese Halter mit dem früheren Hund in anderen Lebenssituationen waren, was die Einstellung und Wahrnehmung zu vielen Dingen beeinflusst hat.

Ich fragte mich also immer und immer wieder, wie ich dieser Hündin helfen kann. Ich wollte ihr zu einem ausgeglichenen Leben verhelfen, aber wie stellt man das an? Was machte ich falsch? Da ich die Frage irgendwann so und nicht anders stellte (vorher war es eher etwas in der Art: »Was kann ich mit ihr machen?«), traf ich auf Trainer, die anders waren. Ich arbeitete also mit Trainern, die mehr verstanden als Tricks und Ablenkung. Im Fernsehen wird uns dieses Klischee, dass mit dem passenden Leckerli zur richtigen Zeit jeder Hund zu einem Alleskönner erzogen werden kann, ja auch hervorragend vorgegaukelt. Die meisten Tipps hätten oder haben bei unserer Hündin nicht funktioniert. Heute weiß ich natürlich warum. Um weiter zu kommen, brauchte ich Trainer, die viel über die Dynamiken der Hunde untereinander wussten. Also Vollgas. Ich las und lernte, setzte mich auseinander. Es ging mir so langsam ein Licht auf. Nur ein Trainer in dieser Zeit bestätigte die Möglichkeit, dass unsere Hündin traumatisiert sei, konnte mir aber leider auch nicht helfen, das Trauma zu lösen. Auch kein einziger anderer Trainer konnte mir nach seinen Ansätzen (z.B. mit so etwas wie: »Setz dich doch mal durch!«) selbst vormachen, wie das dann funktionieren solle. Ich hätte mich darüber gefreut, dann hätte ich klar gewusst, es läge an mir und es gibt Lösungen, die diese Trainer mir vermitteln könnten.

Heute bin ich dankbar, denn das brachte mich auf meinen jetzigen Weg.

Später suchte ich dann für meinen heutigen Beruf nach Möglichkeiten, eine Praxisausbildung zu machen nach den Ansätzen, die ich mir vorstellte. Es fehlten mir Erfahrungen mit wirklich gefährlichen Hunden. Und siehe da, es gab sie sogar in erreichbarer Nähe. Ich lernte also 7 Monate lang für 3 bis 4 Tage in der Woche, wie man große Gruppen von auch sog. ›Roten Hunden‹ führt.

›Roter Hund‹: Hunde, die das ›Normale‹ verlassen haben und kompromisslos und schnell kippen, unter Umständen bis zum Beißen.

Ich nahm an Seminaren teil, fuhr oft mit, wenn Einzeltraining anstand, lernte viele Dinge, die mich um einiges weiter gebracht haben. Das hier war einfach anders als alles, was ich bis dahin kannte.

Meine beiden Hunde waren oft mitten drin und entwickelten sich gut. Ich setzte die Erkenntnisse bei meinen Kunden um und alles lief in die richtige Richtung. Auf der sog. Trainingsebene veränderte sich mein Weltbild völlig und ich hatte Erfolg. Soweit so gut.

ABER mit der Zeit merkte ich immer mehr, es fehlte immer noch mindestens ein Baustein.

Manche Hunde oder Halter änderten ihre innere Haltung (also Einstellung) nicht an der Basis. So kam der Tag, an dem eine Kundin zu einem meiner Seminare kam mit ihrem ›Roten Hund‹. Beide waren, ohne mein Zutun und zu meiner allergrößten Überraschung völlig entspannt und ausgeglichen, einfach wie verwandelt. Hunde in der Nähe, das war alles kein Problem mehr. Sie brauchte keine Einwirkungen, sie ging einfach durch die Gruppe ohne Angst und Anspannung, wie die Hündin auch. Als hätte jemand einen Schalter umgelegt. Ich fragte sie, was passiert sei. Und das war für mich der Beginn MEI-NES neuen Lebens und das von vielen Haltern, denen ich seitdem helfen darf. Ich bin sehr dankbar für diese Begegnung.

Diese Kundin gab an, sie hätte sich bei einer Heilpraktikerin für Psychotherapie beraten lassen; diese würde in Form von Tier- und Familienaufstellungen arbeiten. Sie arbeite mit dem sog. Seelenspiegel. Wow, dachte ich, das ist mal ein interessanter Ansatz und erklärt so einiges. Ich hatte zwar davon gehört, aber noch keine so intensive Erfahrung damit.

Also fuhr ich kurze Zeit später zu der Familienaufstellerin Eva-Maria Wunderlich (Genaueres hierzu siehe Teil 4 des Buches) und arbeitete mit ihr an meinen Mustern und Blockaden. Das Trauma unserer Hündin konnte in einer Sitzung endlich gelöst werden, und heute hat sie keine Angst mehr und lässt sich führen.

Bei dieser Aufstellung zeigte sich, dass ich durch einen Angriff auf unseren Rüden vor 5 Jahren mein Verhalten verändert hatte. Die Art, wie ich damit umging, hatte die Hündin übernommen. Sie spiegelte mich. Seit der Auflösung und Verarbeitung meines eigenen Traumas, ist das Führen der Hündin völlig entspannt. Sie verhält sich heute wie ein ganz normaler Hund, der – wie viele andere auch – bei zu aufgeregten, dominanten oder aggressiven Hunden etwas Abstand braucht. Es ist dann meine Führung gefragt, um ihr diesen Abstand zu geben. Ansonsten ist sie wunderbar steuerbar und stabil. Früher rastete sie schon aus, wenn nur ein Hund am Horizont auftauchte. Auch ich konnte mein Trauma in einer Aufstellung verarbeiten und lösen, was mir bei meiner Arbeit mit Hunden heute sehr hilft. (Über unseren jüngsten Briard erfahren sie einiges im Kapitel über die Pubertät.)

Seit nun fast 2 Jahren arbeitet unser Team eng zusammen mit Frau Wunderlich. Sie ist alle 2 bis 3 Monate für einige Tage bei uns zu Besuch und berät meine Kunden. Von dem, was sich mit Hilfe ihrer Unterstützung entwickelt hat und was dahinter steckt, auch davon soll dieses Buch handeln.

Später habe ich zusätzlich viele Lehrgänge besucht und wende heute bei Kunden und Hunden die sog. 2-Punkt-Methode an; man nennt dies auch ›Quantenheilung‹, der Teil meiner Arbeit, der nicht nur außergewöhnlich spannend ist – oder auch ›spektakulär‹, wie ich immer lachend zu sagen pflege –, sondern der so unwahrscheinlich gut helfen kann, wenn man sich darauf einlässt. (Fallbeispiele und eine genaue Erklärung dazu auch im Teil 4 des Buches.)

Auch wenn in den letzen Jahren viele Hundeschulen mit vielen Techniken und Möglichkeiten eröffnet wurden, die Probleme der Hunde und Halter werden nicht weniger. Dafür gibt es viele Gründe, für jeden Menschen individuell.

Wenn diese Gründe z.B. über Tier- und Familienaufstellungen ›sichtbar‹ werden, kann oft der Halter eine Befreiung auf ganz tiefer Ebene erleben: der seelischen Ebene. Es geht nicht um Schuld. Im universellen Sinne ist niemand wegen irgendetwas schuld. Es geht um Wahrnehmung, Anerkennung, Ordnung, Loslassen-Können, Verantwortung selbst annehmen oder dort lassen können, wo sie hingehört. Es geht auch um Lösungen der Probleme unserer Hunde, die mit Training nicht zu ›beseitigen‹ sind. Ich habe schon von einigen Trainern gehört, die eine Weile als Helfer in unserer Firma gearbeitet haben: »Ich wünschte, ich könnte so arbeiten wie du, aber ich traue mich nicht. Vor allem traue ich mich nicht an meine eigenen Muster und Blockaden heran.« Aber auch habe ich gehört: »Ich muss mich bei dem Wissen, was ich heute habe, bei einigen Kunden entschuldigen.« Oder: »Heute werde ich von Kollegen um Rat gefragt, die deine Sichtweisen zuerst abgelehnt haben. Heute kann ich endlich helfen.« Das sind die Momente, in denen ich weiß, auch ich bin auf dem richtigen Weg. Und zwar auf jenem, Menschen öffnen zu können für Sichtweisen, die für diese Menschen eine Entwicklung in Gang setzt. Es ist für jeden ein Prozess, seine Ziele zu erreichen, auch für mich.

6. Faktoren zur Erziehung und Ausbildung von Hunden

Bei Hunden gibt es viele wichtige Ansätze zu beachten, wenn Verhaltensauffälligkeiten und Krankheiten verändert, aufgelöst oder verbessert werden wollen. Hier einige wichtige Faktoren: Gute Ernährung, tierärztliche Untersuchungen, Training in ausgeglichenen und gut geführten Gruppen, Einzeltraining bei Trainern, die ganzheitlich mit Mensch und Hund arbeiten, gutes Wissen über das Wesen des Hundes, Homöopathie, Dorn Therapie, Schüssler Salze und vieles mehr sollte bedacht werden.

<u>Umgang des Menschen mit dem Hund:</u>

- Passt der Hund in das persönliche Umfeld, bekommt er genug Energie abbauende/strukturierte Bewegung. Also: Passt der Hund zum Energieniveau der Familie?
- Wird er als Hund behandelt, und nicht als Ersatz für diverse Grundbedürfnisse des Menschen?
- Verfügt der Halter über ausreichendes Wissen über das Wesen des Hundes? Oder ist er bereit und in der Lage (zeitlich und finanziell), sich dieses Wissen (in Theorie und Praxis) anzueignen?
- Hat der Halter Führungsqualitäten (oder will er es lernen)?
- Kann der Halter im Team arbeiten? Ist die Familie ein Team?
- Übernimmt der Halter Verantwortung?
- Bekommt der Hund genug Regeln und Grenzen, um sich zurücknehmen zu können (Erlernen von Frustrationstoleranz)?
- Bekommt der Hund genug Ruhe?

- Ist die Bereitschaft da, die eigenen Muster und Verhaltensweisen zu hinterfragen?

Jede einzelne Rasse verfügt natürlich über spezifische Anlagen, die ebenfalls eine Rolle dabei spielen, das Verhalten des Hundes einschätzen zu können:

- Triebverhalten, z.B. jagen, hüten, wachen, stöbern
- Neigung zu bestimmten Verhaltensmustern (z.B. Angst, Aggression oder Dominanz)
- Energieniveau, Gesundheit
- Arbeits- oder Showlinie bzw.: Welche Anlagen sind bei Mischlingshunden angelegt?

Lernerfahrungen:

Welche Erfahrungen hat z.B. ein Welpe in einer prägenden Zeit gemacht? Oder sog. Tierschutzhunde; was bringen sie mit? Ist der Hund traumatisiert, welche Ängste bestehen (oft hinter auffälligem Verhalten versteckt)? Bestehen Fixierungen wie z.B. Ball/Stock/Spielzeug?

Hormone:

Hormonelle Einflüsse spielen bei Verhaltensproblemen eine große Rolle. Das bezieht sich nicht nur auf das Thema Kastration bei Rüden wie auch bei Hündinnen, und pubertäres Verhalten von Hunden. Wissen über Hormone wie Dopamin, Adrenalin, Serotonin und Cortisol sind im Umgang mit Hunden ein wichtiger Baustein. Kastration ja oder nein ist eine Wissenschaft für sich und sollte gut überlegt werden.

> »Gemäßigte, ausdauernde Bewegung erhöht sowohl den Serotonin- als auch den NE-Spiegel im Gehirn, was ähnliche Auswirkungen auf Hunde hat wie die Gabe von Angst lösenden Medikamenten. Aggression und Reaktivität werden verringert. Ein Hund mit ausreichender Bewegung erlebt den Einfluss von Glücksbotenstoffen im Gehirn, was ein ruhiges, entspanntes und manchmal euphorisches Befinden begünstigt.«
>
> James O'Heare, Die Neuropsychologie des Hundes, S. 61.

TEIL 2

WISSEN ÜBER ERZIEHUNG FÜR IHREN ALLTAG.
SICHTWEISEN AUF TRAININGSMÖGLICHKEITEN.
GRENZEN FÜR HUNDETRAINING.

1. Welche Rolle spielt die Trainingsmethode?

Es gibt sie, die Hundetrainer, die Ihnen die Prinzipien der ruhigen und bestimmten (selbstsicheren) Hundeführung vermitteln können. Trainer, die für viele Möglichkeiten offen sind. Trainer, die Ihnen beibringen, warum Sie wie eingreifen müssen, solange der Hund noch aufnahmefähig ist. So liebevoll wie möglich und so konsequent und angepasst auf die Situation wie nötig. Trainer, die mit Ihnen zusammen den Hund darauf schulen, dass z.B. sein Gehirn wieder ›nach hinten‹ denkt. Bei ängstlichen Hunden, die bereits hauptsächlich nach hinten denken, wird das Nach-vorne-Denken trainiert. An dem Punkt kann Vertrauen wieder aufgebaut werden. Und das ohne Überredung und Wattebällchen, wie sich so einige namhafte Trainer (für mich zu Recht) ausdrücken. Haben Sie diesen Trainer ›unbewusst‹ noch nicht gefunden, oder können/konnten Sie die Methoden nicht umsetzen? Wenn Sie hier z.B. ansetzen, also bei sich selbst, werden Sie auch Antworten für sich finden.

> »*Wenn wir uns einen Hund zulegen, sind wir dafür verantwortlich, dass seine instinktiven Bedürfnisse erfüllt werden, damit er ein ausgeglichenes Leben führen kann ... Wenn Sie die Bedürfnisse Ihres Hundes in diesen Punkten erfüllen – indem Sie ihm Bewegung, Disziplin und Zuneigung zukommen lassen, und zwar in dieser Reihenfolge –, wird er sich bereitwillig und mit Freunden dafür revanchieren.*«
>
> Cesar Millan, Tipps vom Hundeflüsterer, S. 349.

Aber ein Trainer kann noch so ›gut und engagiert‹ sein; wenn die Halter einiges nicht mit Überzeugung, und damit dem Hund gegenüber nicht überzeugend umsetzen (können), hat nichts auf Dauer Bestand. Dies soll keines der vielen Bücher sein, das eine bestimmte Methode verfolgt und eine bestimmte Philosophie vertritt; außer die der Führung. In Sachen Hundeerziehung werden wohl kaum alle Hundehalter auf einen Nenner kommen. Dafür ist die Vielfalt an Charakteren und Möglichkeiten, sowohl bei Hunden als auch bei Menschen, einfach zu groß. Ich kann Ihnen hier nur meine Sichtweise darstellen, die aus meiner Erfahrung folgt. Vielleicht können Sie einiges für sich mitnehmen.

Unser Team hilft Menschen dabei, Führung zu übernehmen, dazu gehörten sehr viele Bausteine. In diesem Buch soll es eher darum gehen, welche Rolle überhaupt verschiedene Methoden spielen und welche Grenzen es geben kann. Und was es noch für Möglichkeiten gibt.

Der eine Trainer arbeitet nach der Rudeldynamik der Hunde. Der andere arbeitet über Auslastung und Tricks wie Sitz, Platz, Fuß. Für die Hunde, die sich hinsetzen, wenn der Hase kommt, durchaus sinnvoll. Ein anderer ist überzeugt davon, über Unterwerfung und Brutalität den Hund zu brechen; also sein eigener Wille wird ausgeschaltet. Alle auch noch so veralteten und überflüssigen Methoden sind noch hier und da zu finden. So lange so etwas gefragt ist, überleben sie auch. Aber auch in diesem Bereich kommt ein Umdenken in Gang. Entscheidend ist vor allem, ob mit dem Hund oder mit dem Halter gearbeitet wird. Denn von der Seite betrachtet, machen so einige ›Methoden‹ keinen Sinn mehr. Hilfsmittel, welche es auch immer sein mögen, sind immer Hilfsmittel für Menschen.

Ich persönlich habe oft die Erfahrung gemacht, dass Kunden zu mir kamen, die es mit allen möglichen Ansätzen versucht haben. Oft liegt die Lösung in einer Kombination aus sinnvoll auf die Situation, den Hund und den Halter abgestimmten Maßnahmen.

> »Je mehr man sich mit Hunden beschäftigt, umso mehr lernt man auch, das Gefüge menschlicher, sozialer Strukturen, und ihre Wechselwirkung auf die daran beteiligten zu verstehen. In diesen Prozess ist man zwar selbst mit einbezogen, hat aber meist weniger Anlass und Zeit, darüber nachzudenken. «
>
> Eric H.W. Aldington, Von der Seele des Hundes, S. 65.

Ich lernte Halter und ihre Hunde kennen, die mich um Hilfe mit diesen und ähnlichen Problemen baten. Der erste Termin stellte sich dann oft so dar:

- Hunde, die an der Türe mit »Geh ins Körbchen, setz dich hin!« weggeschickt wurden und dann ausrasteten oder zumindest sehr angespannt waren, wenn Besuch kam. Auch an die Heizung binden machte den Hund nicht wirklich gelassen. Logisch, sagen Sie? Man erklärte, der Trainer XY habe das empfohlen. Nun, auch das wird in mancher Fernsehsendung so gezeigt. Bei einigen soll ja auch Vieles gut auf dem Hundeplatz geklappt haben, im Alltag leider nicht.

- Ich habe auch Hunde erlebt, die sich unterwarfen, wenn Frauchen schreit. (Zumindest sah es für die Halter auf den ersten Blick so aus.) Aber bei geringen Ablenkungen waren diese Hunde dauernd nach außen orientiert. Wenn sie auch nur ein wenig Freiheit bekamen, liefen sie weg. (Ob das Abbau von Frust oder Überforderung ist, kommt auf die Gesamtsituation an.)

- Hunde, die bei Hundebegegnungen ins ›Sitz‹ gebracht wurden und doch mit ihrer inneren Haltung (z.B. Dominanz, Nervosität, Unsicherheit) die vorbei gehenden Hunde provozierten. Ja, so manch einer erklärte: »Ist schon viel besser geworden, nur noch die

Hälfte der Hunde wird angegriffen.« Klar, wenn die andere Hälfte der Hunde sich unterwirft (mental), braucht ja nichts mehr nachkommen (im Fall der Dominanz). Der Hund hat sein Ziel erreicht. Menschen sollten das wahrnehmen, denn das ist die feine Kommunikation zwischen Hunden.

- Hunde, die zwar von anderen Hunden mit Apportel und Co. abgelenkt werden konnten, aber ohne diese Hilfsmittel in anderen Hundeschulen/Vereinen oder im Alltag sofort und unvermittelt zubeißen wollten oder es sogar getan haben. Und ich sehe von Fixierungen einmal ab, die hier, bei der Methode Ablenkung, entstehen können.

- Hunde, die 2–3 Mal in der Woche Agility, Obedience oder Dog Dance machten und immer noch nicht ausgelastet erschienen. Mal abgesehen davon, dass niemand über Tricks und Ablenkung seine Probleme löst (auch Menschen nicht).

- Menschen, die von ihren Hunden massiv bedroht wurden und Angst vor ihnen hatten. Aus der Sicht eines Hundes ist Angst ein Warnsignal oder Zeichen für die Schwäche des Menschen. Welcher Einstieg ins Hundetraining könnte hier gefunden werden, ohne den Haltern die Möglichkeit zu bieten, an ihren Ängsten zu arbeiten?

- Halter, die jedes Schnappen, Knurren oder jede Bewegungseinschränkung des Hundes verharmlosen oder nicht erkennen (können). Aber nicht aufhören zu fragen, was sie mit dem Hund machen sollen, um z.B. die Kinder zu schützen. Halter, die jeden Versuch, an der Basis zu arbeiten, ablehnen, vielleicht aus Angst, der Hund könnte sie nicht mehr lieben, wenn sie ihm Grenzen setzen.

- Menschen, die anriefen, weil sie Schmerzen in den Schultern hatten wegen schlechter Leinenführung. Sie sind mit der Methode ›Ablenkung und Leckerchen‹ gescheitert. Manche dieser Menschen lehnten erst einmal alle Maßnahmen ab, dem Hund Grenzen zu setzen, mit der Begründung, das sei nicht ›nett‹ für den Hund. Bleibt die Frage offen, ob es besser ist, wenn ein Hund vor lauter Ziehen ein Sauerstoffzelt braucht, wenn er nach einem Spaziergang zu Hause angekommen ist. Oder ob man ihm nicht lieber von vornherein entspanntes Gehen an der Leine beibringt.

Das sind nur einige Gründe, weswegen mich Menschen um Hilfe gebeten haben.

Was ist hier oft passiert?

In vielen Fällen sind seelische Dynamiken außer Acht gelassen worden. In unserer Schule angekommen, zeigte sich dann oft, dass der sog. Seelenspiegel eine wichtige Rolle spielt. Erst darüber haben wir oftmals eine Basis für das Training finden können. Es ist immer eine Bereicherung, über Tieraufstellungen Ansätze für die Probleme der Hunde und Halter ›anzusehen‹.

Wir arbeiten in unserer Schule nicht über Trainingsmaßnahmen alleine, sondern erarbeiten ein anderes Lebensgefühl, das oft Führung erst möglich macht. So entstehen viele kleine Bausteine, die als Ganzes bewirken, dass unsere Kunden ihre Hunde führen können. Unser Ziel ist Hilfe zur Rehabilitation, nicht Symptom-Behandlung.

Problematisch wird es, wenn z.B. gesagt wird: »Ich arbeite nur an dem auffälligen Verhalten des Hundes, weil die Enkeltochter gefährdet ist. Wenn die erwachsene Tochter gebissen wird, ist das nicht so schlimm, sie kann sich ja wehren.« Dann z.B. wird Training alleine nicht funktionieren. Es dürfte jedem klar sein, wenn die Tochter diese Worte mit Tränen in den Augen hört, es die Halterin aber nicht ausreichend berührt, um etwas verändern zu wollen, ist etwas ins Ungleichgewicht geraten. Das Verhalten des Hundes, nennen wir ihn Ben, deckt es nur auf. Kann die Halterin das nicht erkennen, macht Training alleine keinen Sinn.

Ohne Hilfe kann der Halter sich oft nicht ausreichend abgrenzen vom Hund. Die nötige Grenze war in diesem Fall nur bei der Gefährdung der Enkeltochter erreicht. Wenn diese Halterin nicht an ihren Ursachen und Mustern gearbeitet hätte, wäre somit eine Rehabilitation nicht möglich gewesen. Es wäre auch nicht fair dem

Hund gegenüber, meiner Meinung nach. Auch in diesem beschriebenen Fall haben eine Aufstellung und zwei Matrix-Anwendungen den Hund und die Halterin völlig verändert, für jeden sichtbar. Die Halterin war aufgrund von traumatischen Erlebnissen nicht in der Lage, sich auf Gefühle einzulassen. Ein völlig natürlicher Schutzmechanismus der Psyche. Meine Arbeit bestand erst einmal darin, das Bewusstsein dafür zu schaffen. Der Hund reagierte sehr aggressiv vor der Aufstellungsarbeit in vielen Situationen, um aufmerksam zu machen. Auch Aggressionen sind ja Ausdruck von Emotionen. Der Hund in diesem Beispiel veränderte sich sofort nach einer Familienaufstellung und konnte sich endlich entspannen. Bei der ersten Gruppenstunde nach der Aufstellung konnte jeder die Veränderungen bemerken. Hier konnte die seelische Ursache gefunden werden und der Halterin wie dem Hund wurde ein entspannter Umgang mit vielen Themen ermöglicht. Die ganze Familie war von diesen Umständen betroffen und entspannte sich. Alle fanden in vielen Situationen wieder den Weg zu angemessenen emotionalen Verhaltensweisen. Für alle eine große Portion gewonnener Lebensqualität.

Ein Beispiel, das zeigt, was auch Hunde für eine Last für uns tragen, um etwas zu bewegen. Technik und Training alleine hätten hier nichts ändern können. Das hatte die Halterin ja lange Zeit durch viele Trainingsmaßnahmen versucht, bevor sie zu uns kam.

Auch bei Menschen ist es nicht sinnvoll, Beschwerden nur und ausschließlich mit Medikamenten beheben zu wollen. Die Ursachen und seelischen Hintergründe spielen eine wichtige Rolle, das weiß auch jeder Arzt. Viele Menschen beschäftigen sich dann mit Yoga, Reiki, Tai Chi, Meditation, Mentaltraining, Bio Resonanz, Chi Gong oder Ähnlichem, machen eine Therapie oder lesen zumindest Bücher über einige Zusammenhänge. Das ist ein wichtiger und guter Weg zu sich selbst. Jeder Mensch kann in Situationen geraten, die ihn überfordern, und eine Umstrukturierung der Lebensumstände wirkt oft heilend. Heilung kann erfahren, wer der Frage nachgeht, warum er dort hinein geraten ist und wie er infolge dieser Einsicht seine Lebensumstände verändern kann. Wiederholt sich dieses Muster oder stecken vielleicht Depressionen und Ängste dahinter? Vielen Menschen fällt es oft schwer, achtsam mit sich und ihrer jeweiligen Umwelt umzugehen. Energetische Arbeit kann hier sehr hilfreich sein, alte Muster und seelische Nöte zu erkennen und loszulassen.

Es gibt aber auch seelische Ursachen, die nur beim Hund liegen. Auch hier kann mit Tieraufstellungen geholfen werden. Ansonsten sind es dann eher völlig normale Reaktionen, die zur Entwicklung der Hunde dazu gehören. Manche Auffälligkeiten entstehen auch, wenn ein Hund die falsche Position in der Familie hat. Aufstellungen mit dem Hintergrund führen oft zu einer sofortigen Veränderung im Verhalten der Hunde. Ob mehr dahinter steckt, stellt sich dann auch heraus.

2. Grenzen und Verantwortung beim Hundetraining

Welcher Trainer soll es womit auch immer schaffen, Hunde z.B. vom Jagen abzuhalten, wenn der Halter nicht einsieht, den Hund erstmal an die Leine zu nehmen und z.B. an der Erregung zu arbeiten. Wenn der Adrenalinpegel beim Hund auf einem hohen Niveau ist, sollte man das erkennen können und daran arbeiten, diese Erregung zu senken. Sonst können Sie Ihren Hund nicht mehr erreichen. Ein verantwortungsbewusster Trainer berät hier den Halter und packt nicht einfach nur irgendeine Technik aus. Ob es nun funktionieren mag oder nicht auf den ersten Blick. Also sollten Sie sich mit Ihrem Trainer in Ruhe im häuslichen Umfeld umsehen, an welchen Eckpunkten Sie dem Hund wichtige Entscheidungen überlassen, wo vielleicht Aufregung bestätigt wird, wo der Hund wichtige Dinge – wie z.B. ›Ressourcen‹ – in Besitz nimmt. Der Mensch gehört unter Umständen auch zum Besitzanspruch des Hundes.

Wenn Sie z.B. Ihr Hund den ganzen Tag verfolgt, kann er nicht nur nicht ausreichend zur Ruhe kommen, sondern hat vielleicht das Bedürfnis, Sie zu kontrollieren. Das hat Folgen und natürlich auch Ursachen. Bei Hund und Halter! Selbst wenn Ihr Hund das aus Angst tun würde, wäre es nicht besser, dass der Hund ohne Sie im Raum keine Angst zu haben braucht und sich entspannen kann? Vielleicht hat er auch nie gelernt, alleine zu bleiben. Der ein oder andere Halter findet das Verfolgen schön oder denkt, der Hund liebt ihn ganz besonders.

Was wirklich dahinter steckt und wie man das unterbinden kann, kann nicht jeder Halter vom Trainer annehmen, aus ihm innewohnenden Gründen. Ein Welpe z.B. muss das natürlich Stück für Stück lernen.

Wenn ein Trainer nur versucht, Verhaltensweisen des Hundes abzustellen, die den Halter am meisten stören, bedient das nur die Muster der Menschen. Es wäre fairer und ganzheitlicher, zu erfassen, welche Bausteine hierfür erforderlich sind, um ein Konzept zu erarbeiten, das im Zusammenhang mit der Problematik des Hundes steht. Auch auf die Gefahr hin, den Kunden zu verlieren, denn nicht jeder möchte oder kann eine solche Veränderung auf sich nehmen. Für das Erreichen seiner Ziele ist für den Halter oft ein Umdenken in vielen Punkten notwendig. Menschen leben in einer Demokratie, für Hunde ist das nicht artgerecht, sie brauchen klare Strukturen, das entspricht ihrer Natur. Viele Verhaltensweisen, die Hunde zeigen, haben ihren Ursprung genau dort.

> »Wer mit Futter lockt und besticht, darf sich nicht wundern, wenn ein Hase das Interesse des Hundes mehr weckt als sein Wurstspender Mensch und der Hund ihn dafür entsprechend wie eine große Wurst im Walde stehen lässt. Wenn der Hund dann endlich wieder da ist, und dafür auch noch eine Wurst bekommt, dann ist das Dilemma perfekt.«
>
> Hans Schlegel

Der eine Mensch freut sich, dass sein Hund wieder kommt, der andere arbeitet ernsthaft daran, dass er nicht wegläuft. Auch hier alles eine Frage der Grundeinstellung. Führung oder dem Hund etwas beibringen? Nur was genau vermittelt man womit? Wie artgerecht und logisch sind denn diese beiden Varianten für Sie?

Beispiel:

In einem bekannten Hundezubehörgeschäft traf ich eine Hundehalterin, die dabei war, das Geschäft zu verlassen. Die Türe ging auf und der Hund war schon zerrend und bellend hinaus gelaufen. Draußen sprang alles nur zur Seite. Es war ein glücklicher Umstand, dass in dem Moment nicht auch noch ein anderer Hund draußen war, der sich belästigt oder bedroht gefühlt hätte. Nur die Leinenlänge machte es der Halterin möglich, sich selbst noch im Geschäft aufzuhalten. Sie rief also entschuldigend der Verkäuferin zu: »Aber ›Sitz‹ kann er schon.«

Nun, mir fiel nur belustigt dazu ein, dass es eine gute Idee gewesen wäre, dem Hund das dann vorher abzuverlangen, wenn er es denn so gut kann. Klar, dass das nichts mit Führung zu tun hat, aber wenn es hilft …

Hier wäre natürlich eher die Ruhe hilfreich gewesen und die Entscheidung der Halterin, das Geschäft selbst ganz ruhig zu verlassen. Das »Sitz!« als Lösung für alles kommt auch in so einer Situation kaum infrage. Hätte diese Halterin einem Trainer zugehört, wenn er versucht hätte, Führung zu erklären? Einfacher hätte es hier der Trainer, der auf dem Platz diesem Halter und Hund beibringt, wie denn ›Sitz‹, ›Platz‹, ›Fuß‹ geht. Ob das klappt auf dem hohen Level zeigt dann die Praxis.

Noch ein Beispiel aus der Beobachtung einer Kollegin:

Halter besuchten ein Tier-Zubehör-Geschäft und suchten ein passendes Geschirr für ihren Hund. Die Verkäuferin stellte ihn mit Leckerchen ruhig, damit sie überhaupt in der Lage war, das Geschirr für einen kurzen Moment über den Kopf des Hundes zu streifen. Mit den Worten »Das hast du aber fein gemacht«, wurde das Tier dann immer wieder gelobt. Der Hund sprang nicht nur herum, sondern bellte jeden Menschen und Hund an, der ins Geschäft kam. Es handelte sich um einen recht großen, schweren Hund. Und sobald eine Situation für Unruhe beim Hund sorgte, kam als Ablenkung schnell das Leckerli und: »Das hast du aber fein gemacht.«

Meine Kollegin hielt sich zurück; es hätte keinen Sinn gemacht, hier zu helfen. Sie war der Meinung, der Halter wäre nicht bereit gewesen, dem Hund zu verbieten, jeden anzublaffen. Sie hatte den Eindruck, dass das Vorgehen mit den Ablenkungen von den Haltern erwünscht war. Und in dieser Situation wäre es auch nicht angebracht gewesen aus Fairness dem Hund gegenüber. Hier muss an einem anderen Punkt angesetzt werden, dachte sich meine Kollegin. Sie beobachtete dann Folgendes: Es kam wieder ein Kunde in das Geschäft, der ganz laut sagte: »Oh Gott, ist der aggressiv.« Meine Kollegin nahm einen ängstlich-aggressiven Hund wahr, der sehr aufgeregt war. Die Halter: »Nein, der ist einfach noch sehr jung.« Und schwups: Der Hund rastete aus und die Verkäuferin fand sich samt der Leckertüte im Regal wieder. Meine Kollegin konnte es sich nicht verkneifen, zu der Verkäuferin zu sagen: »Das hast du aber fein gemacht.«

Ja, lustig beim Lesen, aber für alle Beteiligten und auch für den Hund in der Situation der Supergau. Stress pur. Vor lauter positiver Bestätigung wurde hier gänzlich ausgeblendet, dass beim Hund durch dieses Verhalten der Menschen Stress und Angst bestätigt worden sind. Was wäre, wenn ein Kind den ganzen Tag jeden ›anblafft‹, sobald sich jemand auf die ›falsche Art‹ nähert, und es dafür auch noch belohnt oder mit Schokolade abgelenkt wird? Würde dieses Kind lernen, den Alltag zu meistern? Könnte es lernen, selbstbestimmt zu leben? Hätte es Respekt für seine Mitmenschen? Könnte es Konflikte aushalten?

Dazu eine kurze Geschichte:

Der Indianer und die Wölfe.

Ein alter Indianer erzählte seinem Enkel von einer großen Tragödie, und wie sie ihn nach vielen Jahren immer noch beschäftigte.
»Was fühlst du, wenn du heute darüber sprichst?«, fragte der Enkel. Der Alte antwortete:

»Es ist, als ob zwei Wölfe in meinem Herzen kämpfen. Der eine Wolf ist rachsüchtig und gewalttätig. Der andere ist großmütig und liebevoll.«
Der Enkel fragte: »Welcher Wolf wird den Kampf in deinem Herzen gewinnen?«
»Der Wolf, den ich füttere!«, sagte der Alte.

Bekannt ist auch die Frage an Trainer: »Wie lange muss ich das und das mit dem Hund machen?« Das ist so, als wenn man fragen würde: »Wie lange muss ich den Hund artgerecht behandeln?« Ein Beispiel wäre auch, den Hund immer im aufgeregten Modus zu bestätigen; mit Lob, Streicheln, beruhigenden Worten oder Leckerchen. Hier wird im Prinzip Aufregung als wünschenswert konditioniert.

Aber: Aufregung und Freude ist ein gewaltiger Unterschied. Wenn der Hund dann vor lauter falsch verstandener Freude jemanden verletzt, ist bei den meisten Schluss mit lustig. Warum erst dann?

»Die reinste Form des Wahnsinns ist es, alles beim Alten zu lassen und gleichzeitig zu hoffen, dass sich etwas ändert.«

Albert Einstein

»Wir können der Tatsache nicht ausweichen, dass jede einzelne Handlung, die wir tun, ihre Auswirkung auf das Ganze hat.«

Albert Einstein

Ein Beispiel:

Eine Kundin erzählte mir, sie wäre schon in zwei Hunde-salons gewesen und ihre Hündin ließ sich nicht mehr bürsten. Sie schnappte und wollte immer nur weg. Sie hätte wohl von Anfang an Angst gehabt oder war zu-mindest unsicher, obwohl sie dort immer Leckerchen bekam. Das Verhalten der Hündin ist gar nicht einmal so selten. Ich brachte ihr mit sanften aber konsequenten Maßnahmen bei, dass sie das Bürsten aushalten kann und muss. Als sie entspannt war, bestätigte ich genau DAS positiv mit Lecker, Lob und einer »Ich bin stolz auf dich«-Haltung ihr gegenüber. Alles super, die Übung hat 10 Minuten gedauert und die Hündin hatte nie wieder Probleme, in keinem Studio. Die Grenze wäre auch hier erreicht gewesen, wenn die Halterin es nicht geschafft hätte, die 5 Minuten auszuhalten, die ihre Hündin brauchte, um umzuschalten. Aber sie sah ein, dass es nicht so weiter gehen konnte und entspannte sich. So war es auch für die Hündin möglich, loszulassen.

Ich bin der Meinung, dass ein Hund oft recht schnell verknüpfen kann und sollte, dass z.B. Bürsten kein Grund zum Flüchten und Angst haben ist. Wenn aber Halter ihren Hund erst einmal einfangen müssen, wenn sie mit der Bürste ankommen, lernt der Hund nicht wirk-lich Gelassenheit. Warum also länger Stress aufbauen und aushalten müssen? Welche Lösung soll es geben, wenn dieser Hund wichtige Fellpflege verweigert? Wie soll er gebürstet oder notfalls geschoren werden? Wenn

Halter das auch innerlich vom Hund verlangen, es einfordern und auch nach außen darstellen können, dann ist es erst möglich, den Hund zu pflegen. Also positive Bestätigung, ja. ABER als Belohnung für gutes Verhalten und Entspannung und nicht als Mittel, den Hund überreden zu wollen. Ein Leckerchen zu benutzen, um dem Konflikt aus dem Weg zu gehen, hat Folgen für die Beziehung. Entscheidend ist dann, WAS man genau bestätigt. Hier spielt die innere Haltung des Hundes eine große Rolle. Sehen Sie als Mensch eine Handlung des Hundes, ist der Punkt, fair eingreifen zu können, oft schon überschritten.

Bei dem Thema Verantwortung im Hundetraining ist auch dies leider oft eine schwierige Situation:

Wenn nämlich ein Hund über einen Maulkorb gesichert werden muss, da er andere Tiere oder auch Menschen in bestimmten Situationen verletzen will, der Halter sich aber dagegen sträubt, weil dann jeder sehen würde, das sein Hund ›gefährlich‹ ist. Oder er Mitleid mit seinem Hund hat. Für mich wäre dieser Halter, der seinen Hund mit einem Maulkorb sichert, nur sehr verantwortungsbewusst. An dieser Stelle liegt es auch in der Verantwortung eines Trainers, diese Maßnahme durchzusetzen. Sein Job ist es, ein Verantwortungsbewusstsein beim Halter zu schaffen, bezogen auf den Alltag und das Training. Auch wenn er dadurch seinen Kunden verlieren sollte.

Denn haben Menschen in beratenden Funktionen nicht eine besondere Verantwortung? Wer hat nun den schwarzen Peter, der Halter oder der Trainer?

Jeder Mensch handelt aus seiner Wahrnehmung heraus und die meisten handeln nach bestem Wissen und Gewissen. Was nutzt es also, auf den Trainer zu schauen und Schuld zuzuweisen? Seine Verantwortung gehört zu ihm, und die des Halters zu ihm. Eine offene und ehrliche Kommunikation sollte meiner Meinung nach auf jeden Fall rechtzeitig stattfinden. Und eine intensive Zusammenarbeit ebenso.

Ein Beispiel:

In einer Hundeschule wurde zu Beginn der Stunde immer eine Gruppenübung gemacht. Ich besuchte einen Kurs als Kunde mit meiner Hündin, als sie noch ganz jung war. Alle Hunde machten Sitz in einer Reihe. Alle sollten einzeln durch die Gruppe im Slalom mit ihren Hunden gehen. Die Aufgabe war vor allem: Alle bleiben ruhig und neutral. Nur kam ich nie ganz gelassen durch, einige Hunde sprangen nur herum, auch mitten in meine Hündin hinein. Keiner der Halter bezog meine Bitte auf sich, die Hunde besser zu kontrollieren, aber viele meckerten. Der eine war genervt von meiner Äußerung, der andere gab mir Recht, reagierte aber nicht. Der eine so, der andere so. Ich sprach die Trainerin an, dass das nicht der Sinn der Übung sein könne und sie das bitte regeln soll. Also stellte die Trainerin in der nächsten Woche zwei Reihen auf. Eine mit Hunden, die stabil sitzen bleiben konnten, und eine zweite mit instabilen Hunden. Jeder konnte sich die Reihe aussuchen, die er für sich brauchte. Tolle Sache, das ging klasse. Meine Hündin lernte, mir zu vertrauen und nach drei Wochen hatten wir wieder eine Reihe mit lauter stabilen Hunden. Auf einmal bemühte sich jeder. Hier war ganz klar meine Führung für meine Hündin gefragt.

Trauen Sie sich und setzen Sie sich durch. So manch ein Trainer wird Ihnen dankbar sein. Er ist auch nur ein Mensch und sieht nicht immer alles. Hätte hier die Trainerin nicht reagiert, hätte ich den Kurs beendet. Was würde Ihr Hund in solchen Situationen lernen? Und mit welchem Gefühl gingen Sie nach Hause?

Einseitig wäre es auch vom Trainer, wenn er mit dem Hund arbeitet und den Halter ausklammert, ob die Halter die Ratschläge nun annehmen können oder nicht. Also ist der Trainer schuld daran? Alle Kollegen von mir kennen es, dass auch Angebote und Vorschläge schlichtweg ignoriert werden von manchen Haltern. Sind alle Hunde vorher ausreichend bewegt worden? Wird Zuhause alles so umgesetzt wie besprochen? Sollte das nicht der Fall sein, ist dann etwa der Trainer schuld, dass Hunde so unausgelastet reagieren? Nicht jeder Trainer ist so mutig, diesen Halter mit seinem Hund notfalls nach Hause zu schicken. Der Gruppe gegenüber wäre das fair und konsequent, auch das ist Führung. Denn auch Ihr Hund ist von den unausgelasteten Hunden in einer solchen Gruppe, in der Hunde und Halter nicht ausreichend geführt werden, gefährdet. Es muss nicht gleich zur Beißerei kommen, aber alleine die Aufregung tut Ihrem Hund und Ihnen ganz bestimmt nicht gut. Auch ist hier Lernverhalten sehr eingeschränkt, und Sie sollten sich fragen, ob es überhaupt möglich ist, etwas zu lernen in der Trainingsabsicht, die Sie verfolgen. Also sollte sich jeder als Hundehalter fragen, warum sein Hund in solchen Gruppen z.B. gebissen wurde (um nur den schlimmsten Fall zu nennen). Oder der Hund für ein ›Sitz‹ auch noch im aufgeregten Modus dauernd Leckerchen kassieren soll. Liegt es am Trainer? Nein, der ist wie immer. Ein Anfang wäre es, mal zu schauen, welches Muster der betroffene Halter selbst hat, das ihn veranlasste, dorthin gegangen zu sein. Braucht er vielleicht unbewusst diese Probleme des Hundes noch? Traut er sich vielleicht nicht, sich von der Gruppe abzugrenzen. Eine bekannte Aussage ist: »Ich habe es nicht gewusst, der frühere Trainer hat mir das nicht erklärt.« Wir (oder Kollegen von uns) haben dann schon öfter gehört (bei näherem Nachfragen): »Ja, dies oder das hat der frühere Trainer auch gesagt, aber ich habe es nicht ernst genommen oder nicht verstanden.« Fakt ist: Möglichkeiten, Wissen vermittelt zu bekommen, stehen jedem ausreichend zur Verfügung. Nur welches Wissen nutzt der ein oder andere? Aus welcher Wahrnehmung heraus? Oft sagt man im Nachhinein: »Mein Bauchgefühl sagte nein.«

Warum wird ein Umfeld gewählt, in Gruppen, in denen Hunde aufgeregt bellen und in der Leine stehen? »Ja, so ein Hund muss ja auch mal bellen«, ist eine bekannte Aussage, nur warum macht er das? Weil er entspannt ist? Wohl kaum. Oder bleibt der ein oder andere Halter in diesen Gruppen, weil es alle machen? Natürlich ist das provokativ von mir, aber leider auch hier und da

Alltag. Ich möchte diejenigen, die sich hier wiederfinden nicht anklagen. Nur aufmerksam machen. Hunde sind anders, Menschen auch. Wir sollten alle näher hinsehen. Auf beiden Seiten! Es gibt viele wunderbare Hundetrainer, die Hunden und Haltern mit Geduld und hoher Verantwortung eine sehr gute Hilfe anbieten. Das stelle ich in keinster Weise in Frage. Und es gibt auch viele, viele Halter, die verantwortungsbewusst handeln. Hier ging es aber um die Halter oder auch Trainer, die andere Erfahrungen gemacht haben, oder auf ihrem bisherigen Trainingsweg oder unter bestimmten Umständen keine Veränderungen erzielen konnten. Denn diese Geschichten kennen viele Halter und auch Trainer.

> »*Wenn ich aktiv die Erziehung meines Hundes gestalten möchte, muss ich nicht nur handlungsfähig sein wollen, ich muss handlungsfähig sein. Aber nicht rigide, nicht nach Rezepten und Anweisungen, sondern aus Lust am Leben. Als Partner, als Reibungspunkt, als ernst zu nehmendes Gegenüber.*«
>
> Michael Grewe, Hunde brauchen klare Grenzen, S. 47.

3. Erziehung von Welpen

Bei der Erziehung von Welpen geht es auch um die Zusammenarbeit mit dem Trainer, die eigene Wahrnehmung oder um Sichtweisen, die in einigen Fällen schon lange überholt sind. Warum halten sich Halter in einem

Umfeld auf, in dem Welpen unkontrolliert im Chaos toben? Erfahrungen und Hundekontakte brauchen sie, aber welche Kontakte sind sinnvoll und artgerecht? Hinweise hierzu finden Sie zahlreich in Büchern oder im Internet. Namhafte Ausbilder für Trainer investieren schon lange viel Energie, ein Umdenken der Hundehalter und Trainer zu bewirken, auch und vor allem auf die Welpengruppen bezogen. Es wird immer noch zu oft weiter gejagt, gemobbt, gepöbelt, und viele halten es leider noch für Spiel. Von einer Trainerin erhielt ich vor Kurzem die Erklärung: »Ja genau, wir sind uns dessen inzwischen bewusst, darum bieten wir in unseren Welpengruppen kein freies Spiel mehr unter den Welpen an.« Ich fragte mich, warum es für das Team nicht möglich ist, eine kleine Welpengruppe zu kontrollieren. Im Sinne von artgerechter Kommunikation. Es gibt tatsächlich Gruppen, die werden ›Welpen- und Raufergruppe‹ genannt. Das spricht wohl für sich.

Machen Sie sich Gedanken, was Sie Ihrem Hund in einer Welpengruppe vermitteln wollen. Ist ›Sitz‹, ›Platz‹, ›Fuß‹ in einem unruhigen Umfeld wirklich richtig oder wichtig? Oder legen sie eher Wert darauf, Wissen zu erlangen und zu lernen, was wirklich wichtig ist und inwiefern es wichtig ist auf Sie und Ihren Hund bezogen.

Nicht jede Gruppe, nicht jeder Trainer ist für jeden gleichermaßen geeignet – weder für die Halter noch die Hunde. Der eine Hund kommt noch klar, wo der andere schon durchdreht. Und der eine Halter will sein Programm in einer Stunde pro Woche absolvieren, der andere möchte fundiertes Wissen und einen ausgeglichenen Hund. Reden Sie mit dem Trainer, ob Ihre Vorstellungen zu seinen passen. Und dies sollte im Vorfeld passieren. Die sog. Schnupperstunden sind meiner Meinung nach nicht die Lösung, denn dann stehen Sie mit Ihrem Hund schon mitten drin.

Hier einige Anhaltpunkte zum Thema Welpengruppen:

Spiel ist nur möglich, wenn alle freiwillig teilnehmen. Zeigt also ein Hund, dass er nicht spielen will, ist dies unbedingt von allen zu akzeptieren. Das sollten Halter und Trainer unbedingt beachten und steuern. Ein Hund darf dem anderen nicht seinen Willen ›aufzwingen‹, denn auch dieser muss lernen, das zu akzeptieren. Und grundsätzlich gibt es natürlich auch für Hunde Grundvoraussetzungen für Spiel. Hunde können nicht spielen, wenn sie z.B. Hunger, Durst oder Schmerzen haben, Angst oder Stress empfinden und zu starken Reizen wie z.B. Jagt, Sex, oder Eifersucht ausgesetzt sind. Als Beispiel hier Jagd- und Rennspiele: Bei einseitigem Jagen, in dem nur ein Hund immer gejagt wird, hat der Gejagte wohl kaum Spaß dabei, sondern Stress. Vor allem muss die Endhandlung, das Packen und Halten, unterbleiben. Sonst muss unbedingt eingegriffen werden. Gleiches gilt natürlich, wenn die Hunde überfordert sind. Halter sollten es wahrnehmen und ernst nehmen, wenn der eigene Hund sich entweder vor Angst versteckt (was ihm aber nichts bringt, weil die wilde Horde ihn schon finden wird) oder sein Hund mit im Pulk läuft und Dominanz und Aufregung auslebt, was dann eine selbst belohnende Wirkung hat.

Wird ein Hund zu lange negativen Stressfaktoren ausgesetzt, kann er diese nicht bewältigen. Mit Hilfe von Adrenalin und Cortisol schalten alle Systeme des Körpers auf Überlebensmodus um. Um diese Hormone wieder abbauen zu können, braucht ihr Hund längere Ruhe- und Erholungsphasen. Dieser Prozess des Abbaus kann mit der Zeit immer länger dauern. Das kann zu langfristigen Problemen führen, weil der Stress-Teufelskreis, wenn er einmal begonnen hat, schwierig zu durchbrechen ist. Man bezeichnet Cortisol als das Hormon des passiven Stress- oder auch Kontrollverlustsystems. Adrenalin baut sich zwar schneller wieder ab, Cortisol ist jedoch ein Langzeitstresshormon und braucht einige Tage, um wieder abgebaut zu werden. Ihr Hund lernt auch nicht gerade dabei, sich auf Sie verlassen zu können, indem Sie Wichtiges in die Hand nehmen und regeln. Denn auch das ist Führung.

Unsere Welpengruppen haben andere Schwerpunkte: Hier helfen ältere, klare, ruhige Hunde, indem sie z.B. ein unsicheres Verhalten eines Welpen einfach ignorieren und offen sind, wenn der Kleine selbst seinen Weg gefunden hat. In unseren kleinen Welpengruppen mit maximal fünf Welpen, legen wir Wert auf Ruhe und Beratung der Halter und klare gelassene Kommunikation unter den Hunden. Wir bringen Haltern bei, wie sie z.B. dem Hund vermitteln können, sich an ihnen zu orientieren oder nicht den Ball zu verteidigen. Diese Treffen dauern oft bis zu drei Stunden, damit die Welpen auch schlafen und so eine Hundegruppe mit Ruhe verbinden können. In dieser Zeit bespreche ich Wichtiges aus dem Alltag mit den Haltern. Spätestens beim 2. Treffen schlafen alle Welpen ganz nah nebeneinander. Würde es diese Ruhephasen nicht geben und achtet man nicht darauf, dass die Bedingungen für ihre Einhaltung auch gegeben sind, überfordert man die Welpen ganz schnell. Sie sind dann sozusagen reizüberflutet.

Oft ist es eben für Hunde kein Spiel, vor allem nicht unter vielen Welpen, die ja alle noch lernen müssen, wie sie sich angemessen zu verhalten haben! Das sollten sie lernen von älteren, gut sozialisierten Hunden und natürlich in Zusammenarbeit mit gut geschulten Trainern und den Haltern der Welpen. Ziel ist es hier, die Inhalte den Haltern zu vermitteln, auch in intensiver Beratungstätigkeit. Die ist zugegeben nicht immer bequem für Trainer, ändert aber nichts an der Notwendigkeit. Wir klären unsere Kunden z.B. über diese Dinge auf:

Hunde untereinander kommunizieren z.B. so:

Entfernt sich ein Welpe zu weit aus dem Wurfnest, bittet die Mutter ihn nicht, zu ihr zurückzukommen, um ihm dann mit dem berühmten Leckerli zu belohnen, sondern sie geht blitzschnell hin und begrenzt den Welpen und rettet somit unter Umständen sein Leben. Wird dies nicht akzeptiert, gibt es klarere Ansagen. So liebevoll wie möglich, so konsequent wie nötig. Es geht um Führung, Entscheidung und Handlung. Und genau das kann Leben retten, deshalb fordert die Mutter dies bei ihren Welpen ein. Das ist ihre Form der Liebe, wir Menschen neigen dazu, Liebe mit streicheln, füttern oder spielen zu zeigen. Und das in großer Entscheidungsfreiheit für den Hund. Sind es nicht oft eher unsere eigenen Bedürfnisse, die hier befriedigt werden wollen? Und was erwarten wir Menschen oft dafür von unseren Hunden? Meist genau das Falsche, das, was der Hund gar nicht leisten kann. Viel zu oft werden die Hunde dann leider ungerecht behandelt, gemaßregelt oder sie werden wieder abgegeben, wenn die Belastung zu groß wird. Dabei könnten wir so viel von diesen Wesen lernen, wenn wir uns darauf einlassen.

»*Sie fragen sich vielleicht zu Recht, warum Sie sich an Regeln ihres Hundes orientieren sollen, statt er sich an den Ihren. Fakt ist, Sie leben mit einer anderen Spezies gemeinsam in einem Haushalt. Natürlich brauchen Sie überhaupt keine Rücksicht auf das kanidentypische Verhalten ihres Tieres zu nehmen und können Ihr Leben ausschließlich nach Primatenregeln führen. Die Ihnen anvertraute Hundeseele würde sich nicht wehren können und die Welt nicht mehr verstehen. Wenn Sie aber ein harmonisches Zusammenleben erreichen wollen, sollten Sie sich über das Wesen informieren, mit dem Sie einen Hauhalt teilen. Und schließlich sei noch mit einem kleinen Augenzwinkern erwähnt, dass es für uns Menschen gar nicht so schlecht ist, von Wölfen zu lernen.*«*

Günther Bloch, Wölfisch für Hundehalter. Von Alpha, Dominanz und anderen populären Irrtümern, S. 13.

Hier unsere erwachsene Hündin, die einen Welpen mit Blickkontakt in der Bewegung einschränkt. Tolle Kommunikation, der Welpe hat es sofort verstanden, beruhigt sich und ändert die Richtung. Die älteren Hunde dürfen auch das nur nach Absprache/Freigabe der Menschen.

4. Die schwierige Zeit der Pubertät

Für die meisten Hunde beginnt diese anstrengende Zeit schon mit 6–8 Monaten. Im dritten bis vierten Jahr erst werden die meisten Hunde erwachsen, im Sinne einer reifen, klaren Persönlichkeit. In dieser Zeit finden immer wieder Hormonschübe statt. Bei dem einen Hund mehr, bei einem anderen weniger. Hunde suchen in dieser Zeit ihren Platz im Leben, sie wollen wissen, wer sie sind und wo sie in der Hierarchie des Familienrudels stehen. Es ist ein völlig normaler Vorgang. Gerade hier ist Führung für Hunde elementar wichtig.

Alles kein Problem bei ruhigen, souveränen Haltern, die Unsicherheiten und pubertäres Verhalten mit viel Wissen, gutem Training und Verantwortung abbauen. Eine gesunde Mischung aus Humor, Gelassenheit und klaren Ansagen ist besonders in dieser Zeit notwendig. Es sind Halter gefragt, die ihren Hunden Zeit für ihre Entwicklung lassen, aber trotzdem konsequent ihr Ziel im Auge behalten. Halter, die eingreifen und im Ansatz Verhalten erkennen, ohne gleich den Hund abzuwerten, wenn er altersbedingt alles in Frage stellt. Halter, die ihre Hunde wie Hunde behandeln.

Manches scheint auf den ersten Blick anders zu sein als es in Wirklichkeit ist. Da hat man plötzlich ein Monster an der Leine, einen Schnösel, der sich behaupten will und nicht mehr einfach so mit allem einverstanden ist. Ein Ihnen nicht in dieser Art bekannter Hund, der plötzlich eine sehr niedrige Reizschwelle hat, also sich über die Fliege an der Wand aufregt. Es ist oft nicht leicht, wieder ein Gleichgewicht zwischen Spannung und Entspannung herzustellen, um diese Reizschwelle zu senken. Die Halter, die es kennen, werden jetzt schmunzeln. Das sei Ihnen gegönnt. Übrigens; 90% der DNA von Mensch und Hund sind identisch, also kommen sie wie wir Menschen in die Pubertät, und die wird durch das gleiche Gen (GPR54) ausgelöst. Viele Eltern erleben ähnliche Verhaltensweisen bei ihren Kindern. Hat Ihr Hund bis zur Pubertät völlig ruhig und ohne nennenswerte Auffälligkeiten mit Ihnen zusammen gelebt, halten Sie nicht daran fest: Das geht vorbei! Bleiben Sie dran und nehmen Sie es als Herausforderung an. Hat Ihr Hund Ihnen aber immer schon durch viele Verhaltensweisen klar gemacht, dass er bestimmt, wo es lang geht, was jetzt inklusive seiner Hormone zum Problem wird, dann sollten Sie sich darüber bewusst werden, dass Sie dringend umdenken sollten. Wenn sich Ihre Einstellung gegenüber dem Hund nicht ändert und Sie in die hilflose Rolle verfallen, wird Ihr Hund zukünftig stets seine eigenen Entscheidungen treffen wollen – Entscheidungen, die selten Ihren Wünschen entsprechen oder im Sinne der Umwelt sein werden!

Für diese Hündin ist Futter sehr wichtig. Auch mit Futterstücken auf den Pfoten des Hundes kann die Halterin inzwischen die Situation steuern, völlig ohne Stress. Üben Sie mit Ihrem Hund mehr als Sitz, Platz, Fuß, dann können Sie mit der Zeit mehr und mehr Entscheidungen treffen. Es gibt viele Übungen dieser Art.

Wir haben drei Briards, alle sind als Welpe zu uns gekommen. Triebige, aktive Hunde, die sich nicht so leicht beeindrucken lassen. Die gezüchtet worden sind, um eigene Entscheidungen zu treffen, die sehr intelligent sind und spät erwachsen werden. Ich kann also aus eigener Erfahrung alle Halter verstehen, die auch mal überfordert und unsicher sind. Manchmal frage ich mich auch, wenn ich mit unserem gerade 12 Monate alten Rüden unterwegs bin, wie ich nur die Zeit der Pubertät verdrängen konnte. Ich habe es schon zweimal mitgemacht. Ob er heute auch bei uns wäre, wenn ich mich rechtzeitig dieser schwierigen Phase erinnert hätte? Ja, natürlich, ganz bestimmt. Wir lachen oft über diese Frage. Aber zu spät, auch wir müssen da jetzt durch. Mit allem Spaß, Augenzwinkern, mit all der Liebe und den Sorgen, die wir uns manchmal machen. Einige Gruppenteilnehmer bestätigen uns oft, was für ein toller Hund er doch sei, aber ihnen wäre er zu anstrengend. Ja, ich bedanke mich immer nett mit dem Satz: »Danke, das baut mich richtig auf. Es liegt noch viel Arbeit vor uns, die wir als Herausforderung annehmen.«

Natürlich schützen wir auch diesen jungen Schnösel vor unsicheren Hunden mit zu hoher Energie, die nicht geführt werden. Er selbst findet das oft nicht gerade angebracht und meckert rum, er ist eben in der Pubertät, und von daher immer dagegen. Ich weiß sehr genau, das geht vorbei, wir machen alles, was für ihn notwendig ist, auch wenn das nicht immer seinen Vorstellungen entspricht. Er weiß ja nicht, was ihn erwarten könnte bei dem einen oder anderen Hund. Oder dass sein Verhalten auch nicht immer angemessen ist. Mit so manchem kann auch er noch nicht souverän umgehen. Er hat ein unglaublich hohes Energieniveau; er ist kein Hund für Ersthundbesitzer, das war uns völlig klar. Das berühmte ›Spielen‹, was bei manchen Hunden kein Spiel mehr ist, würde er nicht so ausgeglichen einfach mitmachen. In unseren ruhigen Gruppen lernt dieses schnöselige, lustige Riesenbaby, andere Hunde nicht zu bedrängen. Er weiß, wenn er auch nur leicht angezickt wird (von älteren, die das angemessen machen), hat er das zu akzeptieren, und zwar ohne Murren! Unser 10jähriger Rüde braucht ihn nur auf bestimmte Art anzusehen, und schon ist er weg. Dann hat er den Bogen überspannt. Da sieht man fast die Sprechblase: »Okay, okay, war nur ein Versuch. Alles klar, kein Stress! Habe es kapiert, ich hatte es nur vergessen.« Dieser Kerl ist wirklich oft für einen Lacher gut. Und schon denkt er über den nächsten Quatsch nach.

Und glauben Sie nicht, dass der Kleine ein Problem damit hätte, immer wieder in seine Schranken gewiesen zu werden. Er braucht und will Führung und klare unmissverständliche Ansagen. Andere Hunde haben das Recht, zu sagen: »Wow, diese riesigen, schwarzen Füße mit so viel Fell sind mir unheimlich. Halte Abstand!« Sie fordern Respekt ein. In welcher Form das die anderen Hunde ihm gegenüber machen müssen, liegt auch an der Art, wie die Gruppe geführt wird. Vor allem von den Menschen. Aber er schafft es oft mit viel Charme, die Hunde doch zum Spielen zu motivieren. Wir achten dabei auf Ruhe und Ausgeglichenheit.

Trotzdem finden Sie auch bei uns keine Musterhunde. Wie sollten die auch sein? Da denkt jeder anders drüber, und jeder Hund hat andere Dinge, die ihm wichtig sind und die in manchen Entwicklungsphasen auch mal nicht so einfach zu steuern sind. Unsere Hunde sind auch nur Hunde, mit ihren eigenen Charakterzügen und Macken. Und die sollen sie auch haben. Natürlich nur in den Grenzen, die ihnen selbst und dem Umfeld aller beteiligten Menschen und Hunde ein gutes Leben ermöglichen.

In unserer Schule waren schon viele Hundehalter, die mit Hingabe gelernt haben, zu führen und darüber ihre Hunde bis zur erwachsenen Reife ausgebildet haben. Mit allen Hochs und Tiefs, die dazu gehören. Unser Team ist bekannt dafür, immer ein offenes Ohr zu haben. Dass ein pubertierender Rüde und eine Hündin, vor allem vor der ersten Hitze, sich mehr oder weniger ›auffällig‹ verhalten, ist völlig normal. Gerade in dieser Zeit der Pubertät wirken sich auch andere Faktoren ganz besonders aus. Schließlich ist vieles von dem, was Hunde in unserer Umwelt ›leisten‹ müssen, nicht immer artgerecht. Besonders Hunde aus Arbeitslinien bestimmter Rassen erfordern schon einiges an Wissen und Aufmerksamkeit, auch wenn sie in Familien leben, in denen kaum Zeit dafür ist. Auch wenn es in unserem Alltag oft schwer ist, für diese Anforderungen immer den ›Kopf frei‹ zu haben. Das ändert nichts an den Folgen, die solche und ähnliche Umstände haben können. Aber keine Sorge, auch eine gute Führungspersönlichkeit ist nicht immer perfekt. Er steht zu Fehlern und arbeitet an sich, nutzt diese Situationen als Lernerfahrung.

Alles gut und schön, aber nicht so einfach, denken Sie jetzt vielleicht. Mit Recht. Es ist wirklich nicht so einfach.

In sich ruhen, souverän sein, locker bleiben und vieles mehr. Wie geht das?, fragen Sie sich vielleicht. Zusammenfassend kann ich sagen: Machen Sie Erfahrungen, beschäftigen Sie sich mit dem Wesen des Hundes und mit Ihren eigenen persönlichen Fähigkeiten und Defiziten.

Langfristige Probleme entstehen meist, wenn Realitäten verdrängt werden (auf Sie selbst oder den Hund bezogen) und Führung nicht umgesetzt werden kann. Dann sollten die Gründe dafür genau betrachtet werden. Es kommt dann darauf an, wie der Halter damit umgeht.

Der eine Halter stellt sein Leben um, wenn ihm Zusammenhänge klar werden, um dem Hund und der Familie ein gutes Leben bieten zu können. Er verschafft sich Freiräume, ist offen für Möglichkeiten und neue Erfahrungen, die er vielleicht bisher nicht bedacht hat, er beginnt einen Prozess des Umdenkens. Ein anderer Halter gibt vielleicht den Hund ab, wenn er Notwendiges nicht umsetzen kann oder (noch) nicht bereit dafür ist. Beides kann die richtige Entscheidung sein, um die Familie wie auch den Hund, langfristig gesehen, zu entlasten. Manchmal ist die Belastung in einer speziellen Lebenssituation mit einem bestimmten Hund einfach zu hoch. Da sollte man fair bleiben, dem Hund und der Familie gegenüber.

Wenn aber wie in diesen Fällen nichts von beidem passiert und nur nach der vorgefertigten ›Technik-Lösung‹ gesucht wird, kann kaum Entwicklung stattfinden. Weder beim Hund noch beim Halter.

> »*Jeder Form von aggressivem Verhalten geht grundsätzlich ein Lernprozess voraus. Nur die Veranlagung und eine mehr oder weniger große Aktivität sind ›angeboren‹, erst die Lebensverhältnisse entscheiden über die Entwicklung, die daher voll in den Verantwortungsbereich des Menschen gehört.*«
>
> Eric H. W. Aldington, *Von der Seele des Hundes*, S. 345.

Devotes Verhalten und Dominanz

An dieser Stelle möchte ich ihnen die Begriffe ›Devotes Verhalten‹ und ›Dominanz‹ im Ansatz erklären. Viele Menschen assoziieren im Zusammenhang mit der Hundeerziehung damit fast schon ›Böses‹. Dass dem nicht so ist, möchte ich Ihnen hier erläutern.

Über Devotes Verhalten steht bei Wikipedia:

> »*Devotes Verhalten bezeichnet meist ein als übermäßig empfundenes unterwürfiges und ergebenes Verhalten eines Individuums gegenüber einem anderen. Das Gegenteil zu Devotion ist Dominanz. Das Wort stammt vom lateinischen devotus ab, welches für geweiht oder hingegeben steht.*«

In der Forschung über Hunde wird dieses Verhalten oftmals so beschrieben: Es gibt eine aktive und eine passive Unterwerfung (Demut). Submissives Verhalten (Unterwerfung) wird als Unterwerfung zum dominanten Partner als gehemmte Aggressionsbereitschaft gezeigt. (Für ausführliche Informationen zu dem Thema sei das Buch empfohlen: Dr. Dorit Urd Feddersen-Petersen *Ausdrucksverhalten beim Hund*.)

Echte Dominanz gründet auf Souveränität oder kompetenter Autorität. Ein souveräner Hund ist seiner Aufgabe gewachsen. Er ist selbstsicher und schafft alleine durch seine Anwesenheit Ordnung, Sicherheit und Ruhe. Ein souveräner Hund ist gelassen, er ruht in sich selbst. Er besitzt eine Autorität, die es nicht nötig hat, auf Aggressivität zurückzugreifen.

Gemachte Dominanz kann ernste Probleme verursachen. Dominanz, die aus Unsicherheit entstanden ist, ist vergleichbar mit autoritärer Anmaßung. Ein solcher Hund ist ein Hochstapler, einer, der sich eine Rolle herausnimmt, die ihm nicht zusteht. Auslöser dieses Verhaltens ist der Mensch. Der Hund braucht Regeln und Führung, sonst entsteht mehr und mehr ein ›auffälliges‹ Verhalten, das durch die Führungsschwäche des Menschen entstanden ist.

Wenn Sie das alles zusammenfügen und auf sich und Ihren Hund übertragen, beantworten sich viele Fragen. Für einen Menschen ist der Begriff ›devot‹ negativ besetzt. Ich finde völlig zu Unrecht. Denn in einem gut geführten Unternehmen sagen Mitglieder, wo es lang geht und andere fügen sich. Das muss so sein und ist richtig, wenn es auf guter, respektvoller Basis und ehrlich geschieht. Für Hunde dient devotes Verhalten der normalen Kommunikation. Es verhindert die Eskalation eines Konfliktes. Wenn ich also einem Hund abverlange (gerecht und in Hundesprache), dass er den Postboten nicht belästigen darf, ist das falsch oder böse? Unseren Hunden zum Beispiel brauchen wir in einer solchen Situation nur sagen »Geht rein!« und alle klappen die Ohren ein und gehen. Devot? Meideverhalten? Ja, vielleicht, die Hunde fügen sich der Anweisung, ohne dass auch nur einer ein Problem hat. Viele Menschen deuten das negativ und schreien lieber – im übertragenen Sinn. Aber wie negativ wäre es, wenn wir schreien oder die Hunde am Halsband reinziehen müssten?

> »*Dominanz bedeutet somit, dass in einer dyadischen Beziehung A regelmäßig die Freiheit von B einschränkt bzw. sich selbst ein hohes Maß an Freiheit zugesteht, ohne dass B effektiv etwas dagegen tut, sondern B akzeptiert seine Einschränkungen.*«
>
> Dr. Dorit Urd Feddersen-Petersen, Hundepsychologie, S. 326

Gibt ein Halter an, sein Hund sei dominant, ist die Frage zu klären, warum er sich so subdominant (unterwürfig) ihm gegenüber verhält.

5.   Erzieherische Grundlagen

Einige Basistipps möchte ich Ihnen gerne zum Umgang mit Ihrem Hund geben, wenn Ihr Ziel Ausgeglichenheit ist. Denn in der Natur sind Hunde ausgeglichen. Nur weil wir Menschen viele Dinge nicht artgerecht umsetzen (können), entsteht Instabilität. Das fängt schon mit bestimmten Züchtungen von Rassen an, geht über die verschiedenen Aufgaben, die Hunde in der heutigen Zeit für uns Menschen übernehmen, und endet in der Art wie Menschen in der heutigen Zeit mit der Umwelt und sich selbst umgehen. Sinnvoll und fair ist es, Hunde dort abzuholen, wo sie stehen, anstatt nach technischen Lösungen zu suchen.

- Füttern Sie Ihren Hund erst, wenn er wirklich ruhig ist. Warten Sie, bis er sich beruhigt hat, ohne das oft konditionierte ›Sitz‹. Wenn Sie ein Rudel haben, füttern Sie den Hund zuerst, der am ruhigsten ist. Achten Sie schon beim Kauf eines Welpen auf die Art wie hier gefüttert wird. In dieser prägenden Phase sitzen diese Konditionierungen tief. Hat der Welpe schon Aufregung mit Futter verknüpft?

- Leinen Sie Ihren Hund erst an, wenn er ganz ruhig ist. Und erst wenn er zu Ihnen gekommen ist. Holen Sie ihn nicht mit der Leine ab. Nehmen Sie sich Zeit und bringen Sie auch Ihrem Hund Geduld bei. Gehen Sie auch erst (und zuerst) vor die Türe, wenn Ihr Hund ruhig ist, auch wenn das längere Zeit dauert. Reflektieren Sie dabei bewusst, ob Sie selbst geduldig sind. Ein Grund dafür ist auch, dass Sie erst selbst die Umgebung vor der Türe sichern und überblicken sollten. Denn es könnte ja auch ein Mensch und/oder Hund in dem Moment vorbei gehen, in die Ihr Hund dann rein läuft. Natürlich bewegen sich rangniedere Hunde im Rudel nicht immer hinten. Aber der ranghöhere weiß, warum er das so oder so steuert, je nach Situation oder Aufgabe. Es macht auch aus bestimmten Gründen durchaus Sinn, rangniedere vorzuschicken oder zu lassen. Aber ob sie das so wollen, aus diesen Gründen?

- Schauen Sie Ihren Hund nur an, wenn Sie ihn wirklich meinen. Z.B. beim Spaziergang können Sie ihn anschauen, wenn er unruhig ist. Warten Sie, bis er sich beruhigt und gehen Sie erst dann weiter. Das ist auch eine Art der Bewegungseinschränkung, die für Hunde zu ihrer natürlichen Kommunikation gehört. Ist Ihr Hund schon zu sehr selbstbestimmt, müssen Sie klarer vorgehen. Freiheit sollte nur der bekommen, der damit angemessen umgehen kann. Ein Kindergartenkind lassen Sie auch erst bedingt alleine gehen, wenn es zuverlässig das Ampelsystem (grün, gelb, rot) beherrscht. Das kann man auf den Hund übertragen, bedingt aber ein konsequentes Handeln, Wissen und Auseinandersetzung.

- Geben Sie Ihrem Hund nur Zuneigung, wenn er sich respektvoll verhält. Welchen Respekt fordern Sie ein? Wo ist Ihre persönliche Grenze? Ohne Achtung gibt es keine gesunde Bindung.

- Nehmen Sie wahr, ob Ihr Hund Sie in Ihrer Bewegung einschränkt? (Emotional, nervlich, räumlich, zeitlich?) Gerade das gehört zur Führung. Schränken Sie Ihren Hund ein. Achten Sie schon Zuhause darauf, ob Ihr Hund Ihnen z.B. den Weg abschneidet oder Dinge in Besitz nimmt.

- Bewegen Sie Ihren Hund ausreichend mit viel Führung, Ruhe und Klarheit. Gehen Sie aktiv spazieren – in aktiver Kommunikation mit Ihrem Hund, die über den ganzen Tag hinweg stattfindet, ein Leben lang. Damit ist hier nicht die typisch menschliche Kommunikation gemeint, das Sprechen. Und auch kein Ballspielen und Stöckchen werfen. Hiermit ist eher als Beispiel gemeint, ob ihr Hund auf Sie achtet wenn sie die Richtung wechseln, oder ob er Sie ›fragt‹, welche Richtung Sie an einer Abzweigung gehen wollen? Voraussetzung für diese Beispiele sind natürlich, dass Sie die Umgebung überschauen können, um für Sicherheit zu sorgen.

• Sagen Sie oft: »Nein! Aus! Schluss!«? Und bricht Ihr Hund die Handlung dann auch ab? Wenn nicht, nehmen Sie wahr, wie glaubwürdig Ihr Hund Sie findet? Oder ob Ihr ›Abbruchsignal‹ angemessen war? Verzichten Sie lieber auf diese Maßnahmen, die Sie auf dem jeweiligen Energieniveau (situationsbedingt) des Hundes nicht umsetzen können. Entschuldigen Sie es, wenn Ihr Hund das nicht umsetzt? Dann verlangen Sie es lieber erstmal nicht, suchen Sie nach Alternativen. Ihr Hund nimmt wahr, ob Sie es ernst meinen oder ob Sie präsent sind (Dinge bestimmt und klar einfordern).

Wissenschaftlich gesehen ist das Habituation:

Habituation bewirkt, dass ein Individuum lernt, auf bestimmte Reize nicht zu reagieren, sodass ständig vorhandene Reizmuster aus der Wahrnehmung ausgeblendet und dem Individuum ›unnütze‹ Reaktionen erspart bleiben.

> »*Ein bekanntes Beispiel für erlernte Alarmreize sind die Kommandos, die der Halter seinem Hund gibt: »Hasso, komm!«, »Hasso, aus!« Häufig ist jedoch zu beobachten, dass Hundehalter diese Befehle zwar äußern, aber dies NICHT zu einer erkennbaren Reaktion des Tieres führt. Der Halter lässt dann seinerseits oft keine unmittelbaren Konsequenzen für den Hund folgen, womöglich bettet er seine Befehle stattdessen in einen Schwall von verbalen Beschimpfungen ein. Das Verhalten des Hundes kann so gedeutet werden, dass er sich daran gewöhnt hat, dass den vom Halter geäußerten Rufen keine unvorteilhaften Auswirkungen folgen, deswegen zeigt der Hund keine Reaktion mehr auf bestimmte Befehle.*«

http://de.wikipedia.org/wiki/Habituation

Alles tolle Tipps! Und was heißt das in der Praxis? Ich gebe Ihnen einige Anhaltspunkte:

<u>Beispiel Couch:</u>

Eine häufig gestellte Frage von Hundehaltern – oft schon am Telefon: »Darf mein Hund auf die Couch?« So manch ein Trainer wird dies positiv, der andere negativ beantworten. Mit welchen Argumenten auch immer das hier vertreten wird. Ich aber frage Folgendes: »Stören Sie die Haare auf der Couch oder Ähnliches?« Wenn hier ein Nein kommt, frage ich mich (oder den Anrufer), warum er dann überhaupt die Frage stellt. Was steckt hinter der

Frage? Konflikte liegen hier meist ganz woanders. Um herauszufinden, was genau das Problem ist, frage ich weiter: »Wenn Sie dem Hund sagen oder klar machen ›Jetzt gehst du runter!‹, geht er dann ohne Probleme?« Kommt ein Ja, frage ich mich wieder, warum die Frage überhaupt gestellt wird. Folgt ein Nein, können Sie sich denken, dass ich hier noch näher nachfrage und zwar, warum sich das der Halter gefallen lässt. Was bringt er mit, um hier so zu reagieren oder die Frage so zu stellen?

Also der Hundehalter oder Trainer, der hier mit »Hunde dürfen nicht erhöht liegen« usw. argumentiert, geht den Kern der Sache nicht an. (Ich lasse mal offen, ob die Aussage überhaupt stimmt.) Ist der Halter ›noch‹ nicht so weit anzunehmen, was es mit ihm zu tun hat? Ein Hund, der keinen Grund sieht, die Couch in Besitz zu nehmen, weil der Halter das tut, kann auch auf der Couch liegen. (Das gilt auch in anderen Bereichen des Zusammenlebens.) Warum? Der Hund hat die Couch nicht bezahlt, also können die Eigentümer auch bestimmen, wer darauf liegt. Wenn der Hund es aber z.B. mit Schnappen einfordert, frage ich hier weiter nach, ob es jemanden im Leben der Halter gibt, der sich solche Rechte herausnimmt und er sich unsicher ist, wie er damit umgehen soll. Meist gibt es da einen Aha-Effekt. Oft höre ich dann: »Das stimmt. Wenn ich genau darüber nachdenke: meine Schwiegermutter oder Schwiegervater, mein Chef, mein Mann, meine Kinder ...«

Grundsatztipp: Sie dürfen ›alles‹ erlauben, was Sie auch verbieten können, ohne Konflikt für Hund oder Halter.

Also ein provozierendes Zögern, ein Steifmachen, Knurren, Schnappen usw. zeigt hier einen Konflikt (oder Dominanz) des Hundes an, und zwar bezogen auf den Halter oder andere Personen, die etwas einfordern. Der Hund nimmt ganz klar nicht nur die Handlung dazu wahr, sondern auch die innere Haltung (Einstellung) dieser Personen. Diese und ähnliche Dinge im alltäglichen Leben finden oft völlig unbemerkt bei vielen Haltern und Hunden statt, die Couch ist hier nur ein Beispiel. Ein im Allgemeinen völlig normales Hundeverhalten, was sich oft verstärkt in der Pubertät zeigt. Frage ist nur, welche Rechte sich der Hund (aus seiner Sicht berechtigt) herausnimmt und wie Sie damit umgehen.

> »Hunde waren und sind erfolgreich. Sie können unsere analoge Kommunikation ›lesen‹ und entsprechend reagieren. Leider spielt für die meisten Hundehalter das nonverbale Ausdrucksverhalten im Umgang mit dem Hund nicht mehr die verdiente Rolle. Sie reden und reden und nehmen sich körperlich (sogar bewusst!) zurück. Und die Intelligenz des Unbewussten, die Intuition oder das Bauchgefühl kommt zu kurz. Intuitiver Umgang mit Hunden ist nicht modern. Modern sind psychologische Techniken und Instrumentalisierungen von Hunden, am besten mittels dieser und jener Gerätschaften. Das wirkt so kompetent, da ausgerüstet (?).«
>
> Fr. Dorit Urd Feddersen-Petersen, Ausdrucksverhalten beim Hund, S. 14.

Beispiel Ball spielen:

Falls Sie mit Ihrem Hund Ball spielen, laufen Sie Gefahr, dass Ihr Hund ins Jagd- (Bewegungsreize) und/oder Beutefangverhalten fällt. Wenn Sie in der Lage sind, das Spiel mit der Haltung des Hundes »Okay, wir spielen Ball.« zu beginnen, können Sie und Ihr Hund einiges bewusst lernen zu steuern. Wenn Sie das Spiel wieder beenden, sollte das der Hund mit der Haltung »Okay, wir hören auf.« tun. Ohne Unruhe, Schnappen, Bellen und ohne dass der Hund es bei Ihnen einfordert. Die Entscheidung sollten Sie treffen, wie in vielen anderen Situationen auch. Dann wäre das Ballspielen auch eine gute Übung für Sie und Ihren Hund. Oft wird aber gerade über das Ballspielen so viel Adrenalin (Stress- oder Suchtverhalten) aufgebaut, dass es zu Konflikten kommen muss, vor allem dann, wenn das Ballspielen als Beschäftigung eingesetzt wird. Ihr Hund hat Stress und lernt Bewegungsreizen zu folgen und verbindet das auch noch mit Ihnen.

Oft bitten Halter mich um Hilfe, weil ihr Hund andere Hunde maßregelt oder Joggern, Autos, Fahrrädern und Wild nachjagt. Es ist sehr schwierig für Halter, auf dem hohem Niveau noch eingreifen zu können, wenn sie sich dieser oben beschriebenen Dinge nicht bewusst sind. Zudem ist es unfair dem Hund gegenüber.

Beispiel Verbotene Dinge:

Fragen Sie sich einmal, ob es Dinge gibt, die Sie für sich fest beschlossen haben, bevor der Hund ins Haus kam.

Ich habe oft erlebt, dass bei der Frage z.B. erklärt wurde: »Oh ja, in die Küche, Schlafzimmer oder ins Badezimmer gehen – das geht gar nicht, und er hat es nie versucht.« Huch, sagen da einige, es war für mich ganz klar und wichtig und es hat immer geklappt. Aber es schafft nicht jeder, diesen Zusammenhang zu erkennen. Dann resultieren daraus für mich folgende Fragen (hier ein Beispiel): »Warum lassen Sie sich von Ihrem Hund dann so führen, dass Sie sich blaue Flecken einhandeln, wenn er nicht schnell genug zur Haustüre raus kommt? Ist es Ihnen wichtiger, dass der Hund nicht in die Küche, Schlafzimmer oder ins Bad geht, wichtiger als Ihre körperliche Unversehrtheit?« Ja, auch das ist provokativ, aber im übertragenen Sinn eine wichtige und für so manchen Halter bekannte Tatsache. Ein anderes Beispiel wäre, der Hund darf nicht im Schlafzimmer schlafen, was für Hunde völlig artgerecht wäre, aber er darf Sie den ganzen Tag zu Hause auf Schritt und Tritt verfolgen. Welche Bedürfnisse werden hier befriedigt und welche Folgen kann das haben?

Ganzheitliches Training fängt an diesem Punkt an, zu reflektieren und aufzudecken, warum sich der Mensch vom Hund z.B. schlecht behandeln lässt bzw. er das nicht wahrnimmt. Oder warum der Mensch den Hund nicht wie einen Hund behandelt. Es kann viele Gründe dafür geben. Gründe, die für diesen Menschen völlig verständlich sind. Wenn sich die Hintergründe für solche Verhaltensweisen aufdecken, können der Halter und auch der Trainer erkennen, wie viel seelische Not oft dahinter steckt. Eine andere Wahrnehmung ist hier nötig, um Zusammenhänge erkennen zu können. Manchmal ist dies in einem Gespräch alleine nicht ausreichend möglich.

6. Grundlagen der Führung

In der Hundeerziehung ist die Mensch-Hund-Beziehung in aller Munde, die meint, dass wir unsere Hunde führen sollen. Viele Halter sind verunsichert. Unser Team erarbeitet mit unseren Kunden zusammen eine klare Orientierung auf der Basis von Führung – für jeden Hund und Halter individuell. Es ist nicht fair, das mit brutalen Mitteln einzufordern, auf der anderen Seite ist es nicht glaubwürdig, Konflikte mit Wattebällchen zu umgehen. Z.B. so: »Wir gehen drum herum, schau mir in die Augen, dann kriegst du ein Leckerchen.« Richtige und gute Führung ist dagegen: »Wir gehen da durch und du nimmst dich zurück.« Ende! Ihr Hund ist Ihnen dankbar, wenn Sie für ihn schwierige Situationen regeln, dann braucht er auch nicht so oder so zu reagieren. Und dann erst könnte eine positive Bestätigung folgen. Nähe, Lob und Stolz des Halters wirken für Hunde um ein vielfaches intensiver als jedes Leckerli. Die innere Haltung ist entscheidend. Es geht um soziale Kompetenz, nicht um Bestechung. Die meisten Hunde können recht schnell umschalten, wenn z.B. einige ›verrückt und unsicher machende Dinge‹ im Alltag unterlassen werden.

Führung hört sich toll an. Aber was heißt das denn genau? Führung setzt Folgendes voraus:

- Ein angemessenes, sicheres, souveränes Verhalten des Menschen gegenüber dem Hund, und das in allen Situationen.

- Den Anspruch, Entscheidungen treffen zu können und zu wollen. Wie z.B., wem wann welche Dinge zustehen, also wie viel Freiheit oder Ressourcen dem Hund zustehen und wann wie gehandelt wird. Immer auf das Wesen des Hundes und die Umstände angepasst.

- Die Fähigkeit des Halters, diesem Führungsanspruch in den Augen seines Hundes gerecht zu werden.

- Das Bewusstsein, dass Führung tagtäglich in vielen kleinen Gesten und Handlungen des Menschen stattfindet. Ein Leben lang. Die innere Haltung und Einstellung zu sich selbst ist dabei ein wichtiger Punkt. Denn das lenkt viele Handlungen von uns Menschen.

- Liebe zum Hund für das, was ein Hund ist und was er braucht, um möglichst artgerecht leben zu können.

- Liebe zu sich selbst, denn nur wer sich selbst liebt, mit seinen Fehlern und Macken, kann auch jemand anderen lieben. Auch in schwierigen Zeiten.

Mit Hunden ›im Einklang‹ sein, bedingt eine Kombination aus vielen Dingen (vielleicht fallen Ihnen noch mehr ein):

Führung, Wissen, Erfahrung, Vertrauen, Authentizität, Gelassenheit, Sicherheit, Klarheit, Selbstbewusstsein, Respekt, Mut, Konsequenz vor allem innerhalb einer Situation, Verantwortung, Ausstrahlung, innere Ausgeglichenheit. Und das alles aus Liebe zu sich und dem Hund. Mit der Offenheit, Grenzen und Möglichkeiten für sich und den Hund zu (er)kennen und daran arbeiten zu wollen. Und diese in Verantwortung und mit Gelassenheit hinzunehmen.

Wenige Menschen können das alles immer umsetzen oder in sich haben. Aber die kleinen Momente geben die Richtung an. Der Weg ist das Ziel. Je ausgeglichener Sie werden, umso ausgeglichener wird Ihr Hund und umgekehrt. Mit der Zeit helfen Training, Erziehung, Wissen und die Reife der Hunde. Ab dem 3. bis 4. Lebensjahr werden sie oft ruhiger. Mit einer guten Basis wird dann vieles einfacher umzusetzen sein. Natürlich nicht grundsätzlich bei jedem Hund und jedem Verhaltensproblem.

Ein Beispiel zum Thema Führung:

Eine Familie ist wie eine kleine Firma. Dazu gehört natürlich auch Ihr Hund. Es gibt da diesen Werbeklipp: »Ich führe ein erfolgreiches Familienunternehmen …«, antwortet eine Hausfrau auf die Frage nach ihrem Beruf. Ich persönlich finde das genial getroffen. Aber wie ist so ein souveräner Chef, der ein erfolgreiches, starkes Unternehmen führt? Der Chef, der unbeliebte (aber faire) Entscheidungen treffen muss, um die Firma zu erhalten, muss sich oft abgrenzen und zu diesen Entscheidungen stehen. Aber er muss allgemein damit leben, dass der ein oder andere seine Entscheidungen nicht teilt oder nicht versteht. Er muss sich mit Mitarbeitern, die mit ihrem Verhalten und ihrer Haltung dem Betrieb schaden, auseinandersetzen, sie abmahnen oder vielleicht sogar kündigen. Mitarbeiter dagegen, die für den Betrieb förderlich sind, wird er belohnen und unterstützen und an der Stelle einsetzen, für die sie geeignet sind. Die Mitarbeiter im Gegenzug vertrauen ihm und stellen seine Qualitäten nicht in Frage. Führt dieser Chef allen gegenüber in Achtung und Fairness seine Firma, werden sich Mitarbeiter, die sich wohl fühlen, gerne eingliedern. Ohne Regeln keine Orientierung. Fair ist wohl nicht, wenn er seinen Kumpel in die Chefetage befördert, wenn dieser nicht die Qualifikation für diese Position hat oder ihn in irgendeiner anderen Weise bevorzugt. Selbst dieser Kumpel wird ihn langfristig nicht respektieren.

Übertragen Sie das auf Ihre Familie, zu der ja auch Ihr Hund gehört. Und stellen Sie sich vor, Sie übernehmen die Rolle eines Chefs, der ja auch Verantwortung übernimmt. Letzten Endes geht es dem Chef um seine Firma, um den sozialen Auftrag, da sein Unternehmen auch vielen Menschen eine Existenz bietet. Er handelt nicht in der Motivation, sein persönliches Vermögen auf Kosten von anderen Menschen zu erhöhen. Auch auf die Familie bezogen ist Führung notwendig, um ein Zuhause in

Sicherheit und Geborgenheit zu erhalten. Das alles gehört zur Führung, denn mit Geld alleine – bei Hunden wären das dann analog die Leckerchen – wird kein Chef gute Mitarbeiter halten können. Und schon gar nicht so, dass sich jeder wohl fühlt und als Team gerne zusammen arbeitet.

Hunde brauchen genau diese Handlungen in vielen Situationen, um zu wissen, was sie dürfen und was nicht. Sie brauchen Orientierung, um zu wissen, wie sie sich alternativ verhalten sollen. Und das alles sollten Menschen in dem Bewusstsein machen, den Hund damit zu schützen vor Verknüpfungen und Verhaltensweisen, die Hunden schaden, körperlich wie seelisch. Auch wenn das heißt, unbeliebte Entscheidungen zu treffen oder Grenzen zu setzen. Hunde vermitteln sich hauptsächlich untereinander, was der andere zu lassen hat. Wir Menschen neigen dazu, den Hunden zu vermitteln, was sie machen sollen. Letzten Endes nimmt ein nicht angemessenes Verhalten Hunden und ihren Haltern viele Freiheiten.

> »Wer seinen Hund schlecht führt, gerät viel eher in Gefahr, ein aggressives Tier heranzuziehen. Das berichten Tiermediziner der Universität Cordoba im Journal of Animal and Veterniary Advances. Sie suchten bei einer großen Anzahl verschiedener Hunderassen nach Faktoren, die am Entstehen aggressiven Verhaltens bei den Tieren beteiligt sind und fanden die Hauptschuld bei den Besitzern. »Aggressives Verhalten kommt am ehesten bei Besitzern vor, die keine Vorerfahrung in der Hundehaltung haben, die ihre Tiere nicht schulen, sie übermäßig verwöhnen und es versäumen, ihnen Grenzen zu zeigen oder genügend Zeit zu widmen«, so Studienleiter Joaquín Pérez-Guisado. Auch die Kastration weiblicher Hunde, die Anschaffung als Geschenk oder die Haltung als Wachhunde können aggressives Verhalten begünstigen. «
>
> http://www.innovations-report.de/html/berichte/studien/
> schlechte_fuehrung_macht_hunde_aggressiv_131688.html

7.   Verhalten von Menschen im Alltag

Wenn Sie das alles Stück für Stück umzusetzen lernen, heißt das leider immer noch nicht unbedingt, dass Sie entspannt spazieren gehen können. Da gibt es auch noch die anderen Hundehalter, die Ihnen das Leben schwer machen können. Unser aller Verhalten als Hundehalter beeinflusst auch die Einstellung von vielen Menschen, die selbst keinen Hund haben. Es wird Gift ausgelegt in bekannten Hundegebieten, Radfahrer und Jogger haben sich bewaffnet (ich kann es gut verstehen, wenn sie es als Schutz einsetzen für den Notfall) oder Menschen regen sich über die Hundehaufen in Einfahrten und Vorgärten auf.

Wir alle kennen diese Halter:

- Die ihren Hund nicht an die Leine nehmen, auch nicht im Wohngebiet, und ihn Hunde und Menschen jagen/anspringen lassen.
- Die sich kopfschüttelnd selbst über Landeshundeverordnungen und Gesetze hinwegsetzen. Und wenn es auch nur ungeschriebene Gesetze des guten Benehmens sind. Es gibt Bücher über den Hunde-Knigge. Menschen, die Angst vor Hunden haben, hören dann nicht selten diese Aussage: »Na und, stellen Sie sich nicht so an, mein Hund will nur spielen.«
- Halter, die ihre Hunde in Feldern ›toben‹ lassen und dadurch die Ernte zerstören oder sie andere Tiere jagen lassen. Dass Landwirte und Jäger sich mehr und mehr darüber aufregen, ist verständlich. Oft hören sie nur:

»Nun, es sind doch Hunde, die müssen doch toben und laufen.«

- Halter, die ihre Hunde einfach in angeleinte Hunde laufen lassen. Oder ihre Hunde nehmen den ganzen Weg ein. Das heißt, in diesen Fällen wird oft dominiert, bedrängt, geknurrt und gepöbelt. Zum Beispiel Menschen mit bestimmten Trainingszielen haben oft kaum die Möglichkeit, für ihre Hunde den nötigen Abstand zu schaffen. Oft hört man noch jemanden rufen: »Die regeln das schon unter sich!« oder »Meiner will nur spielen!«. Es stimmt absolut, dass Hunde das ohne Führung unter sich regeln, nur ist dann auch jeder mit dem Ergebnis zufrieden? Kranke Hunde und z.B. heiße Hündinnen an der Leine haben da keine Chance, da muss der Halter schon eingreifen. Was leider nicht jeder kann und was dann auch noch mit Beschimpfungen kommentiert wird, wenn er es denn macht. Einige Kunden von mir hatten die Idee zu sagen »Mein Hund hat eine ansteckende Krankheit!« oder »Er ist aggressiv!«. Seltsamerweise findet so manch einer ganz schnell seine Leine und hält Abstand.

In einer unserer Gruppenstunden, in der alle Hunde angeleint waren, begegneten wir einmal einer Anwohnerin, die ihren sehr aufdringlichen, aufgeregten Hund mit berühmter Flexileine an unsere Hunde lassen wollte. Sie kam circa drei Meter hinterher und wäre nicht in der Lage gewesen, irgendetwas zu regeln. Ich stellte mich vor einen bestimmten Hund unserer Gruppe und sicherte ihn; er hätte in der Situation ganz bestimmt beißen wollen. Ausweichen war nicht mehr möglich. Die restlichen Teilnehmer machten großräumig Platz. Weil dieser eine Hund so gesichert wurde, verhielt er sich ruhig, er befand sich im Prozess der Rehabilitation. Ich bat diese Anwohnerin, Abstand zu halten und ihren Hund zu kontrollieren. Sie regte sich fürchterlich auf und fand es unmöglich, diese »bösen Hunde rauszulassen«. Sie wolle schließlich ungehindert spazieren gehen. Sie war nicht bereit, ihren Teil der Verantwortung zu übernehmen. Die Stadtverwaltung informierte mich am nächsten Tag netterweise über ihren Anruf, in dem sie darum bat, mich mit den Gruppen aus der Umgebung zu entfernen, da sie Angst hätte, ihr Hund würde gebissen. Nun, auch die Mitarbeiterin des Amtes war fassungslos über ihre Bitte. Wir haben uns völlig korrekt verhalten und durften natürlich weiterhin diese Umgebung für unsere Gruppentreffen nutzen. Ich kann Ihnen nur empfehlen, in einer solchen Situation für Ihren Hund für Sicherheit zu sorgen, auch wenn es heißt, sich unbeliebt zu machen. So manch ein Halter überdenkt seinen Standpunkt, wenn Sie ruhig und bestimmt bleiben.

Führung ist nicht von jedem anerkannt und leider oft einseitig ausgeübt, z.B. bei Hundebegegnungen. Ja, wir kennen es alle, die Internetforen sind voll davon. Und dort steht noch vieles mehr über derartige Geschichten des Alltages.

Es gibt eine internationale Kampagne: <u>Yellowdog</u> (Gelber Hund). Ist ein Hund mit gelbem Band z.B. an der Leine gekennzeichnet, signalisiert der Halter damit, mehr Freiraum für seinen Hund zu brauchen.

Sie können sich hierüber auch unter der Internetadresse http://www.gulahund.se näher informieren.

Eine ganz tolle Initiative, die aber nicht nötig wäre, wenn sich alle Halter an die Regeln des guten Benehmens halten würden. Freiraum steht jedem zu, aber nicht auf Kosten anderer. Und es ist auch meiner Meinung nach nicht zwingend notwendig, die Gründe für den Wunsch ›Abstand zu brauchen‹ jedem erklären zu müssen.

Aber was steckt hinter diesen Erlebnissen, die jeder aus dem Alltag kennt? Nun, vielleicht Halter, die in ihrem Leben so eingeschränkt sind, dass wenigstens der Hund seine Freiheit haben soll. Menschen, deren Alltag bestimmt wird von Stress auf der Arbeit, der täglichen Auseinandersetzung mit der Familie. Menschen, die schon genervt sind, wenn man um einen Meter mehr Platz bittet. Der Zeitgeist bestimmt für viele die Art, wie sie mit sich und ihrer Umwelt umgehen. Immer perfekt sein zu wollen, auf absolute Sauberkeit zu bestehen, immer gut auszusehen, sich nie Zeit für sich zu nehmen … Alles muss schnell und effektiv gelöst werden. Wer kann sich in der heutigen Zeit schon eingestehen, dass er das selbst gesteckte Freizeit- und Alltagsprogramm, das Arbeitspensum nicht mehr schafft. Oder ihm die Arbeit zu viel wird. Die Rechnungen müssen ja doch bezahlt werden. Je mehr wir kaufen ›müssen‹, umso mehr Rechnungen müssen wir bezahlen. Manche müssen leider erst krank werden, um zu erkennen, dass die Art, wie man sein Leben führt, hinterfragt werden sollte. Viele von uns übernehmen so viel Verantwortung, dass es leichter oder fast notwendig ist, die Verantwortung für unsere Hunde auszublenden. Es ist aber eine sehr verantwortungsvolle Aufgabe, mit Hunden zusammen zu leben. Und es ist nicht einfach, Hunden all das zu bieten, was sie brauchen, damit sie das geben können und vor allem das sein können, was wir Menschen in dieser Umwelt anstreben sollten: ausgeglichene Hunde. Und es ist nicht einfach, Hunde so zu erziehen, dass wir für uns, unsere Hunde und andere Mitmenschen nicht noch mehr Stress aufbauen.

Das oft Unbequeme dabei ist, dass Hunde eben auch noch Führung brauchen. Sie sind Rudeltiere, die ganz klare Strukturen brauchen und über eine feine Kommunikation verfügen. Sie sind also kein Partner, der uns nur und immer Spaß bringt. Sondern sie verlangen uns ab, selbst gelassen und bewusst durchs Leben zu gehen. Die wenigsten Menschen kämen auf die Idee, sich einen Elefanten anzuschaffen. Alleine das Platzangebot und die Kosten für Futter wären für die meisten von uns nicht realisierbar. Bei Hunden ist das oft leider anders. Vieles wird hier verharmlost. Was auch immer dahinter steckt, es sind viele Dinge möglich, für jeden individuell.

Bei einer Unterhaltung über den verantwortungsvollen Umgang mit Hunden mit jemandem, der mit dem Verkauf und der Ausbildung von Tieren seinen Lebensunterhalt bestreitet, bekam ich Folgendes zu hören: »Sie denken viel zu viel. Die meisten Menschen haben eine Versicherung. (Als Hinweis: Es ist teilweise behördliche Pflicht.) Falls ein Hund jemanden verletzt, zahlt die Versicherung und das reicht den Meisten.« Mit welchem Ziel würde jemand mit einer solchen Grundhaltung wohl einen Hundetrainer aufsuchen? Und welche Aussichten auf Erfolg hätte das wohl?

Wir können alle viel bewegen, wenn wir bei uns selbst anfangen und dem Umfeld klare Grenzen aufzeigen. Den eigenen Weg gehen, selbstbestimmt, ohne sich Sorgen zu machen, was andere denken könnten. Auch das gehört zur Führung.

Eine Teilnehmerin sagte einmal zu mir: »Ich bin dir so unendlich dankbar, dass du mir diesen Weg aufgezeigt hast. Die Infos in Büchern, im Internet oder die Tipps, die viele geben, sind für Ersthundebesitzer, aber auch für Halter mit Hundeerfahrung viel zu vielfältig. Natürlich kann man im Netz alles finden, wonach man sucht, aber kann man es auch glauben oder auf jeden Hund und jede Situation übertragen? Es gibt so viele Meinungen zu verschiedenen Themen, die verunsichern uns Halter mehr, als dass sie aufklären. Heute habe ich einen großen Vorteil gegenüber den anderen Haltern, denn ich habe dich an meiner Seite und befinde mich dadurch endlich auf dem richtigen Weg, bin offen für alles, was mich weiter bringt und bekomme so ein Gefühl dafür und weiß, was ich tun kann, um meine Ziele zu erreichen. Baustein für Baustein, in meiner Geschwindigkeit.«

Baustein für Baustein auf dem Weg zum Ziel.

TEIL 3

SEELENSPIEGEL UND WAHRNEHMUNG

1. Erkennen des Seelenspiegels

> »*Inzwischen sind Verhaltensforscher der Ansicht, das Hunde selbst geringste Gefühlsschwankungen des Menschen empfinden können, weil sie so viel Zeit damit zubringen, ihre Menschen zu beobachten. Der Hund ist völlig auf seinen Herrn eingestellt, der jeder seiner Gefühle nicht-verbal ausdrückt. Auf diese Weise sind Hunde ihrem Herrn in vieler Hinsicht viel näher, als umgekehrt.*«
>
> Eric H. W. Aldington, Von der Seele des Hundes, S. 371.

Hunde spiegeln die seelischen Konflikte und sogar Krankheiten ihrer Halter – das ist inzwischen vielen Menschen bekannt. Wenn man sich das ins Gedächtnis ruft, gibt es für jedes auffällige Verhalten Ihres Hundes Lösungswege, wenn Sie sich darauf einlassen. Und es ist auch kein Zufall, dass Sie genau diesen Hund für sich ›ausgesucht‹ haben. Unterbewusst sucht man sich diesen Spiegel in Form des Hundes, eines anderen Haustieres, Partners, Freundeskreises usw.

Auch in meiner Praxis gibt es aber immer wieder Fälle, bei denen es echt schwierig ist, gerade diesen Punkt als Lösungsansatz zu vermitteln. Der Halter kann einiges einfach nicht umsetzen oder will es auch vordergründig nicht. Ich nehme mir viel, viel Zeit für Beratung und Aufklärung. Die meisten haben schon eine lange Zeit Training hinter sich, haben in anderen Schulen bereits an Problemen gearbeitet. Ohne Erfolg, was sie dann desillusioniert und zum Teil resigniert zurücklässt.

Alle Trainer begegnen folgenden Herausforderungen: Der Mensch schafft es nicht, den Hund wie einen Hund zu behandeln, trotz aller Aufklärung. Da wird gelitten, weil der Hund nicht ständig gekuschelt werden soll (z.B. wenn er aufgeregt und instabil ist). Warum sind Hunde trotz des guten Willens der Halter immer noch im Fluchtverhalten, verteidigen die ›Mama‹, wenn sie meinen/fühlen, hier ist Gefahr in Verzug? Warum können Hunde nicht alleine bleiben oder haben im Auto Probleme? Warum hört das Drohverhalten der Hunde nicht auf? Warum bleiben Hunde in der massiv aktiven (nicht ehrlichen) Unterwerfung, trotz konsequenten Trainings? Warum hört man Aussagen wie: »Ich erkenne die Gefährlichkeit meines Hundes nicht, weil ich denke, er würde mir nichts tun (er beisst nur andere).« Sie können mir glauben, diese und ähnliche Aussagen sind nicht selten anzutreffen. Viele Trainer werden beim Lesen jetzt befreit durchatmen, weil sie es so oder ähnlich auch von ihren Kunden bereits gehört haben.

Hier kommen dann andere Ansätze ins Spiel, um erst einmal zum Kern des Problems vorzudringen. Folgend einige Beispiele mit möglichen Ursachen. Da jeder Mensch anders ist, hat er auch seine eigenen Gründe für dies oder das. Deshalb sind die hier aufgeführten Möglichkeiten auch nur als solche zu betrachten.

(Gutes, geduldiges Training und geistige wie körperliche Gesundheit des Hundes sind für eine Lösung des Problems natürlich immer vorausgesetzt.)

• Wem schaut der Halter wirklich in die Augen und schmilzt dahin, obwohl der Hund gerade noch zubeißen wollte? (Solange man die Hand wegzieht, passiert auch erstmal nichts, so denken sie zumindest.) Was ist hier blockiert, wenn das stattfindet, obwohl der Halter dem Hund nicht traut und Angst vor ihm hat? Warum lebt man mit einem solchen Lebewesen zusammen und liebt es so sehr, schafft aber keinen artgerechten Umgang? Möglich ist: Die Halter brauchen den Hund gerade mit seiner Problematik aus verschiedenen Gründen, z.B. um Muster zu bedienen. Z.B. weil sie ein höheres Maß an Problematiken brauchen, damit sie Auffälligkeiten nicht mehr ausblenden (können).

• Vor wem oder was flüchtet der Halter in seinem Leben, wenn der Hund immer im Fluchtverhalten ist? Oder auf was will der Hund hinweisen? »Nein da ist nichts, ich bin okay. Der Hund ist eben ängstlich und braucht Zeit und Liebe.« Ist das so? Selbst wenn einer der Halter mit dem Hund völlig gelöst durch die Stadt durch eine bestimmte Situation gehen kann, bei dem anderen aber, in der gleichen Situation, reagiert der Hund ängstlich? »Aber

nein, mit mir ist nichts, der Hund ist eben ängstlich.«
Möglich ist: Die Halter wollen vielleicht nicht wissen,
warum das so ist, dafür gibt es oft tief liegende Gründe,
die aber eben bei den Haltern selbst zu suchen sind.

• Warum braucht der Halter jemanden, der ihn oder
das Haus beschützt? So sehr, dass kein Besuch mehr
unversehrt ein- oder ausgehen kann.»Nein, das soll er ja
nicht, nur den Nachbarn kann er beißen, den mag ich ja
auch nicht. Den Postboten darf er nicht beißen, das
muss man ihm doch irgendwie beibringen können.«
Möglich ist: Die Halter haben vielleicht Ängste und geben Verantwortung ab.

• Warum gibt es Hunde, die immer krank sind oder
z.B. nicht alleine bleiben können? Möglich ist: Halter
brauchen es, diesen Hund zu bedauern oder brauchen
dieses spezifische Verhalten, um von etwas abzulenken.
Natürlich unbewusst. Es können auch Ängste dahinter
stecken.

• Warum kann ein Halter sein eigenes Chaos nicht
loslassen wie auch der Hund nicht? »Dafür trage ich
keine Verantwortung, das sind die anderen, die belasten
mich immer.« Möglich ist: Die Halter empfinden nichts
als Chaos, sie ›ertragen‹ für sich keine Ruhe und Ordnung.

• Was macht den Halter innerlich hilflos, damit der
Hund Führung übernehmen muss aus seiner Sicht?

<u>Möglich ist</u>: Halter wollen/können keine Verantwortung/Führung übernehmen, aus ihren eigenen Gründen heraus.

• Warum ist ein Hund aggressiv und der Halter kann es nicht ›sehen‹. <u>Möglich ist</u>: Ein Grund von vielen könnten Emotionen sein, die der Halter nie gelebt hat und er braucht den Hund, um noch Emotionen zu haben, auch wenn es aggressive sind. (Vgl. hierzu das Beispiel ›Ben‹ in Kap. 2.1.)

Zusammengefasst:

Alles hängt mit der Wahrnehmung und den Emotionen der jeweiligen Personen zusammen. Denn das bestimmt die Art, wie Menschen mit Problemen umgehen. Etwas vom ›Kopf her‹ zu verstehen ist das eine, es umsetzen zu können etwas anderes. Ein Mensch mit einer Spinnenphobie z.B. wird oft belächelt, aber seine Not ist sehr groß. Er braucht Hilfe, um seine Wahrnehmung und Emotion zu verändern. Manche Hundehalter suchen über Jahre die richtige Technik und brauchen lange, um zu verstehen und akzeptieren zu können, dass es auch bei ihm um mehr geht. Wenn Blockaden vorliegen, ist es sehr schwer für den Menschen, seine Muster anzuerkennen und zu lösen. Nach meinen Erfahrungen sind die Aufstellungsarbeit, Homöopathie oder psychologisches Coaching und/oder die Quantenheilung gute Hilfen für Veränderungen. Es gibt sicherlich noch viele andere Möglichkeiten.

> »Wenn man davon überzeugt ist, dass man sein Leben sowieso nicht ändern kann, ist es mühselig, sich darüber Gedanken zu machen [...] Daß man jedoch gerade auf Grund dieser eigenen Überzeugung nicht in der Lage ist, sein Leben zu verändern, ist das Fatale. Denn diese Glaubenssätze schreiben das Drehbuch unseres Lebens.«
>
> Pierre Franckh, Das Gesetz der Resonanz, S. 12.

2. Reicht reguläres Training aus oder sind Seelenspiegelungen immer mit zu beachten?

Die Frage, die ich mir oft gestellt habe, ist, ob Hunde immer mit ihren Auffälligkeiten unser Seelenbild spiegeln. Bilden sie sich selbst ein Urteil.

Hier ein Beispiel aus der Kindererziehung:

Das Baby Kevin bekommt immer als Ablenkung/Ersatz einen Schnuller in den Mund. Die Eltern setzen ihn als Tröster ein und haben kaum Zeit und Ruhe. Hier lernt das Kind: Der Schnuller ist wichtig, es entstehen tröstende Gefühle.

Ein anderes Kind, nennen wir es Julia, bekommt den Schnuller nur zum Einschlafen, ansonsten sind die Eltern konsequent und liebevoll, leben dem Kind einen ruhigen ausgeglichenen Alltag vor.

Was meinen Sie, was passiert, wenn beide Eltern ihrem Kind den Schnuller wegnehmen, weil sie plötzlich der

Meinung sind, es entstehen Sprachfehler oder Zahnprobleme (ob es nun stimmt oder nicht)?

Nun, Kevin wird merken, wie süchtig er ist und protestieren. Für ihn ganz normal und völlig verständlich; er ist auf Entzug.

Julia wird auch ohne klarkommen. Der Fokus liegt für sie nicht auf dem Schnuller, sondern auf dem Verhalten der Eltern.

Ein guter Kinderpsychologe würde mit Kevins Eltern ihr eigenes Verhalten reflektieren und ihnen helfen, den Alltag anders gestalten zu können, das Kind mehr wahrzunehmen. Wenn das nicht so einfach geht, würde er den Eltern vielleicht eine Therapie vorschlagen. Ein Therapeut für die Eltern würde helfen, aufzudecken, warum sie mit sich und dem Kind so umgehen. Die Eltern von Kevin haben nun zwei Möglichkeiten: Sie könnten so weit sein, sich zu entwickeln und zu erkennen, dass sie selbst Probleme haben, die es zu beheben gilt oder sie könnten so etwas sagen wie: »Die Nachbarstochter schafft es auch nicht, geben wir ihm eben den Schnuller, dann ist alles wieder gut.« In diesem Fall: Ja, schade! Chance verpasst. Die nächste wird kommen, auf jeden Fall, in welcher Form auch immer. Es werden andere Probleme als der Schnuller auftauchen.

Wären Kevin und Julia Hunde, könnte man mit Julia auf ganz normaler ›Trainingsebene‹ vieles erreichen. Die Eltern sind ausgeglichen und offen und müssen keine Hilfsmittel verwenden. Bei Kevin wäre dringend die intensive Reflektion der Probleme der Halter anzugehen. Entscheidend ist nur, ob die Halter das wollen oder seelisch können. So manche Seele braucht Zeit für Veränderungen.

In der Kindererziehung ist vieles vergleichbar mit der Erziehung von Hunden, mehr als so manch einer auf den ersten Blick denken mag.

> »Mangelnde Sicherheit, soziale Kälte und Perfektionszwang beherrschen mittlerweile unser Leben. Erwachsene kompensieren diese gesellschaftlichen Defizite leider allzu oft über ihre Kinder. Sie wollen geliebt werden statt erziehen, kuscheln statt Konflikte aushalten. Mit „partnerschaftlichen" Entscheidungen überfordern sie die Kleinen, statt klare Regeln aufzustellen, die dem Leben ihrer Kinder Orientierung geben. Dadurch machen sie eine normale Entwicklung der kindlichen Psyche unmöglich. «
>
> Dr. Med. Michael Winterhoff/Carsten Tergast, Warum unsere Kinder Tyrannen werden, S. 2.

(Empfehlenswert zu diesem Thema sind sicherlich auch die Titel: »Lasst Kinder wieder Kinder sein!« und »Die Rückkehr zur Intuition«.)

Das Thema Seelenspiegel ist natürlich auch in zwischenmenschlichen Beziehungen zu finden:

- Die Frau, die sich vom Mann dominieren (oder schlagen) lässt und ihn immer wieder in Schutz nimmt. (Sicherlich gibt es das auch anders herum.)

- Menschen, die immer wieder Alkoholiker oder sonstig abhängige Menschen kennen und lieben lernen. Da ist es oft immer nur der andere, der abhängig ist, die Möglichkeit einer Co-Abhängigkeit lehnt so manch einer lange Zeit ab.

- Menschen, die oft gekündigt werden. Es ist eben immer die falsche Firma. Warum fragen sich diese Menschen oft lange Zeit nicht, was sie daran hindert, die richtige Firma für sich zu finden?

- Eine Mutter, die ihr Kind in Watte packt, weil sie vielleicht unter Ängsten leidet.

- Menschen, die ständig vieles kontrollieren oder kontrolliert werden (wollen), suchen sich z.B. oft unbewusst Partner, die sie kontrollieren können und ›müssen‹ oder von denen sie kontrolliert werden.

- Menschen, die andere aggressive Menschen vorschicken, weil die Welt ja so schlecht ist.

- Eltern, die ihre Kinder krank machen oder krank brauchen.

- Menschen, die sich nur im perfekt sauberen Haus wohl fühlen und vor lauter Putzen und Aufräumen alles andere vergessen. Sind sie nur achtsam was Schmutz angeht? Wie sieht es aus mit der Achtsamkeit in Bezug auf ihr Leben und auf sich bezogen?

- Eltern, denen es schwer fällt, Grenzen zu setzen, weil sie es vielleicht selbst nicht gelernt haben.
- Menschen, die von einer Katastrophe in die nächste rauschen und immer nur finanzielles Chaos um sich haben. Oft sagen sie: »Der andere soll eben das benötigte Geld verdienen.«

Menschen, die diese Spiegelungen als solche annehmen können, sind auch in der Lage, zu erkennen, dass man den aggressiven Partner nicht ändern kann, sondern dass derjenige selbst seine Muster ansehen und heilen muss, um sein eigenes Leben verändern zu können. Es ist für die Betroffenen selbst oft schwer zu erkennen. Man trifft eben immer den falschen Partner oder es sind ja doch alle gleich, ist eine bekannte Sichtweise. Trotzdem ist der nächste Partner wieder so. Es sind Spiegel, die Menschen brauchen, um sich zu entwickeln. Meist kommt erst eine Veränderung auf, wenn derjenige am Ende seiner Kraft ist und entscheidet, dass er so nicht weiter machen kann und/oder will.

Oft ist das Verhalten eines Hundes für Menschen nicht mehr zu ertragen. Jeder hat seine Schmerzgrenze. Ob es das Leine-Ziehen ist oder ein Hund, der beißt. So kann es auch der Hund schaffen, den Haltern durch sein ›auffälliges‹ Verhalten oder seine Krankheit, wie es auch bei

Menschen bekannt ist, einen Weg zu weisen, aufmerksam zu machen.

Um zur Frage des Kapitels zurückzukommen:

Wenn es keine tiefere seelische Verbindung des Halters zu den Problemen/Auffälligkeiten des Hundes gibt, können diese auch mit gutem Training korrigiert und verändert werden. Der Erfolg hängt im Wesentlichen von der aktiven Mitarbeit des Halters ab. So manch auffälliges Verhalten kann mit Training allein bereits beseitigt werden. Vorausgesetzt, dass die Halter wert auf viel Wissen legen und zumindest mit der Zeit lernen, sofort im Ansatz ein ›Fehlverhalten‹ des Hundes wahrzunehmen und dann auch angemessen zu handeln. Genau dafür ist eine professionelle Beratung und Übung in der Praxis mit Hilfe eines Trainers oft notwendig und sehr hilfreich. Menschen sollten die innere Haltung des Hundes wahrnehmen, also z.B. ihre Erregung, Fixierung, Dominanz oder Angst. Denn hier ist oft die Ursache für z.B. aggressive Verhaltensweisen zu finden. Aus der inneren Haltung entstehen Handlungen. Deshalb sind viele Hunde, die unter bestimmten Umständen ein aggressives Verhalten zeigen, nicht gleich aggressive Hunde; es handelt sich oft nur um Verhaltensweisen in spezifischen Situationen.

Wir Menschen neigen aber dazu, erst bei einem bestimmten Verhalten der Hunde zu reagieren. Hunde reagieren schon viel früher, oft für uns Menschen kaum sichtbar. Wenn Hundehalter sich dann hilflos fühlen und eine entsprechende Haltung einnehmen (die der Hund fühlen kann), beginnt ein Kreislauf, aus dem der Mensch nur heraus kommt, wenn er sich mit den Gründen für diese Hilflosigkeit auseinander setzt. Der erste Schritt ist, das zu erkennen, sich bewusst zu machen und sich Hilfe zu suchen. Nicht zuletzt ist der Mensch Ursache für das Verhalten von Hunden. Bei Haltern, bei denen die Lernbereitschaft und Offenheit vorhanden ist, kann ›auffälliges‹ Verhalten der Hunde erkannt und verändert werden – indem der Halter sich selbst verändern will.

Dazu ein Beispiel:

Auf einem Tagesseminar, an dem ich als Kundin teilnahm, erlebte ich Folgendes: Eine Hündin stand nur in der Leine, sie prollte den ganzen Tag alle Hunde an. Die Halterin sah man nur mit verzücktem, liebendem Blick auf ihren Hund. Kein Impuls von ihr, etwas verändern zu wollen. Ich weigerte mich offiziell, in ihrer Nähe und der dieses Hundes zu arbeiten (zur Sicherheit meines Hundes), und ging ihr großräumig aus dem Weg. Auch wenn man mir vorwarf, nur ›schwarz‹ zu sehen. Ich hörte auf mein Gefühl. Als die Hündin wieder einmal bellend in der Leine stand, riss ihr Halsband plötzlich. Es kam zur Beißerei, bei der auch sie verletzt worden ist. In solchen Situationen ist natürlich immer richtig was los auf dem Platz. Alle sagten: »Das war ja klar, das musste so kommen.« Nur vorher hatte sich niemand getraut, klar Stellung zu beziehen und zu handeln. Am Ende des Tages wurden alle gefragt, welche Erkenntnisse sie für sich mitnehmen und was sie gelernt hatten. Die oben beschriebene Halterin sagte: »Ich nehme mit, in Zukunft ein stabileres Halsband zu verwenden.« Mit normalem Menschenverstand ist so etwas kaum noch zu erklären! Und nicht nur ich war fassungslos: Es herrschte allgemein betretenes Schweigen. Die Haltung des Hundes wurde akzeptiert, erst als es zu einer Handlung kam, die ohne Halsband nicht mehr zu verhindern war, kamen einige Menschen zu Erkenntnissen. Ich bin mit meinem heutigen Wissen und meinen Erfahrungen davon überzeugt, die Halterin hatte tiefe seelische Probleme. Ihre Wahrnehmung war tief gestört. Das hätte ganz klar verhindert werden können und müssen, um nicht auch noch andere Halter und Hunde zu gefährden.

Es gibt aber auch seelische Ursachen, die nur beim Hund zu finden sind. Auch hier kann mit Tieraufstellungen geholfen werden. Es kann sich bei auffälligen Verhaltensweisen natürlich auch um völlig normale Reaktionen, die zur Entwicklung der Hunde dazu gehören, handeln. Manche Auffälligkeiten entstehen auch, wenn ein Hund die falsche Position innerhalb der Familie hat. Aufstellungen, die den entsprechenden Hintergrund berücksichtigen, führen oft zu einer sofortigen Veränderung im Verhalten der Hunde.

Als Spiegel können auch folgende Dinge bezeichnet werden:

Hunde können körperlich wie seelisch krank sein, weil der Hund eine Krankheit des Halters fühlt. Oder Hunde können traumatisiert sein. Es kann auch sein, dass ein

Hund das Gefühl hat, noch eine Aufgabe bezüglich seines früheren Halters zu haben.

Dazu ein Beispiel einer Kundin unserer Schule:

Eine Kundin nahm einen Hund bei sich auf, nennen wir ihn Hasso. Er war extrem unruhig, bellte Hunde und Menschen an und fiepte bei jeder kleinen Unruhe. In seiner alten Familie gab es einen Hund, der kurz vor dem Kauf von ihm als Welpe gestorben ist. Hasso war dort schon als Welpe sehr auffällig. Bei einer Tieraufstellung kam heraus, dass der inzwischen pubertäre Hund immer noch der Meinung war, er müsse die früheren Halter darauf hinweisen, zu trauern. Wir konnten Hasso in der Tier-Aufstellung vermitteln, dass sein Job getan ist und er sich nun in der neuen Familie orientieren kann. Die innere Unruhe und die vielen auffälligen Verhaltensweisen von Hasso hörten sofort auf. Er wurde in sein neues Rudel aufgenommen; das zeigte sich auch am Verhalten der anderen beiden Hunde, die im Haushalt leben.

3.   Menschen nehmen die Verhaltensweisen ihrer Hunde verschieden wahr.

Jeder sieht die Welt aus seinem Blickwinkel. Aus den verschiedensten Gründen. Hier spielen Erfahrungen, Einstellungen und Blockaden eine Rolle. Eine Kundin von mir hat einen langen Prozess der Veränderung mit sich und dem Hund hinter sich. Also hat sich ihre Wahrnehmung inzwischen sehr verändert. Sie übernimmt Verantwortung für ihr Leben. Sie erzählte mir folgende Geschichte:

Sie traf sich mit drei anderen Hundehaltern zum Kaffee.

(Die jeweiligen Gedanken meiner Kundin sind kursiv eingefügt.)

Aussagen der Halter zu Hund 1: Mein Hund hat schon oft gejagt (ca. 30-mal); ich habe viele Geschirre, weil diese immer im Feld verloren gehen. Ich benutze Geschirre, weil ich eine 20 Meter lange Schleppleine verwende; wenn er da mit Anlauf reindonnert, wäre ein Halsband zu gefährlich. Einige Sprühhalsbänder sind auch schon verloren gegangen. *Warum erkennt sie nicht die logische Konsequenz, z.B. ein sauberes Arbeiten an kurzer Leine?* Vor Kurzem war mein Hund wieder vier Stunden lang weg. Jetzt habe ich einen Anti-Jagd-Trainings-Kurs gebucht; dort wird mit Klicker, Leckerchen und Dummys gearbeitet – ganz auf die nette Art. *Der Hund ist voller Adrenalin und außer Rand und Band, vier Stunden lang weg ... Warum sieht sie nicht, wie schlecht das für den Hund ist? Jetzt will sie das auch noch mit Leckerchen bestätigen?* Die Kralle kann ich ihm nicht ziehen, wenn sie locker ist, da schnappt der Hund nach mir, also scheuche ich ihn über die Felder, dabei fällt die Kralle meistens ab. Durch das Adrenalin kriegt der Hund es nicht mit, und die Kralle ist weg. *Und sich dann noch wundern, dass er nichts mitkriegt mit so viel Adrenalin im Blut und nicht abrufbar ist. Sie bringt es ihm ja auch noch bei, anstatt dran zu arbeiten, die*

Kralle behandeln zu können. Sie geht der Auseinander-
setzung aus dem Weg, aber gefährdet ihren Hund.

Aussagen zu Hund 2: Mein Hund ist überfettet, jagt aber nicht, weil es ihm wichtiger ist, alles auf dem Weg zu fressen. *Nimmt sie die Gefahr für den Magen nicht wahr? Er könnte auch mal Gift finden.* Andere Hunde werden gezwickt und angeblafft. Ist halt eine Zicke, kommt aber mit Menschen super klar, da ist mein Hund ganz lieb. Hund 2 hat Hund 3 schon ins Gesicht gebissen; es entstand eine blutige Wunde. Na endlich hat sie sich da mal gewehrt. *Merkt hier keiner, dass die Führung fehlt?*

Aussagen zu Hund 3: Mein Hund jagt auch nicht, weil er mit dem Ball beschäftigt ist. Vor Kurzem ist das Spielzeug im Wasser untergegangen; mein Hund hat zwei Stunden lang gesucht, bis zur völligen Erschöpfung. Auch im Urlaub am Meer trinkt er immer so viel Salzwasser, dass er sich schon nächtelang übergeben hat. Das ist eben so bei meinem Hund. *Keine Ansätze zu hinterfragen oder etwas zu verändern; der Hund ist süchtig. Ihm wird körperlich Schaden zugefügt, weil Führung fehlt. Sieht sie das nicht? Warum hat sie eine völlig emotionslose Einstellung dazu?* Mein Freund hat schon oft gesagt, mir sei der Hund wichtiger als er. *Warum gefährdet sie dann das Leben des Hundes?*

Dieses Gespräch hat meine Kundin aus ihrer jetzigen Sicht mit Fassungslosigkeit angehört. Ihre Gedanken dazu: Keiner kann erkennen, was sich wirklich abspielt bei den Hunden und vor allem, wie es den Hunden geht.

Im Zweifel ist wieder der Trainer schuld. Die armen Tiere! Was tun diese Menschen denen an? Ich bin unendlich dankbar, selbst inzwischen das Bewusstsein zu haben, und damit geht es mir und meinem Hund gut. Es gab für mich keinen Anlass, mich bei dem Gespräch mit einzubringen. Mit diesen Baustellen kann und will ich mich nicht mehr befassen. Früher hätte ich mitreden müssen, um auch in diese Gruppe etwas einbringen zu können. Für mich ist so etwas heute vergleichbar mit einer Gruppe von Menschen, die sich mit ihren Krankheiten und schmerzhaften Erfahrungen übertrumpfen wollen. Das habe ich hinter mir. Heute bin ich Dank der Familienaufstellung und den Matrix-Anwendungen ein ausgeglichener, glücklicher Mensch, der sein Leben bewusst lebt und Dinge hinterfragt, um sich zu entwickeln. Auch mein Hund ist heute ausgeglichen, ich führe eine glückliche Ehe, habe kein Asthma mehr und bin selbstsicherer und -bewusster geworden.

Eine mögliche Erklärung zur Sichtweise der drei Halter kann Folgendes sein:

Der Blinde Fleck (hier psychologisch gemeint):

Mit dem ›Blinden Fleck‹ werden in der Sozialpsychologie die Teile des Selbst oder Ichs bezeichnet, die von jemandem nicht wahrgenommen werden. Der ›Blinde Fleck‹ kann grafisch wie folgt dargestellt werden:

	Mir selbst bekannt	Mir selbst unbekannt
Den anderen bekannt	Öffentliche Person	Blinder Fleck
Den anderen unbekannt	Mein Geheimnis	Das Unbewusste

Jeder Mensch lebt in seinem eigenen System, das wie sein Daumenabdruck einzigartig ist. Jeder Mensch interpretiert seine Umwelt aus eigenen Erlebnissen und Glaubenssätzen. Wir neigen dazu, für uns bekannte Erfahrungen aus unseren Glaubenssätzen immer neu zu bestätigen. So entstehen Muster: Wir verlieren in immer gleichen Situationen regelmäßig unsere Ruhe, geraten immer an die ›gleichen‹ Partner oder zumindest nie an den richtigen; treten ›auf der Stelle‹ oder können vor lauter Schnelllebigkeit nichts festhalten. Diese Verhaltensweisen entstehen aus unserer eigenen Wahrnehmung der Außenwelt. Eine der wesentlichen Leistungen von Tier- oder Familienaufstellung ist es, unser eigenes System für uns selbst erkennbar zu machen. Und das verändert die Wahrnehmung. Das macht oft ein anderes, ›neues‹ Verhalten erst möglich.

Auch die Anwendungen der Quantenheilung können einiges in Bewegung bringen.

4.   Wie wir Erkenntnisse erhalten

Sind wir Menschen immer dazu fähig, ein souveräner Rudelführer zu sein? Oder können wir immer Dinge aus verschiedenen Blickwinkeln sehen/erkennen? In unserem oft schwierigen Alltag oder innerhalb unserer gemachten Erfahrungen ist es nicht immer leicht, möglichst viele Faktoren wahrnehmen. Um bewusst zu lernen, sich einzulassen oder sich verändern zu können, ist vieles notwendig. Letztlich ist das ganze Leben ein Lernprozess. Auch Fehlentscheidungen gehören dazu. Menschen müssen oft für ihren eigenen Entwicklungs- und Lernprozess Irrwege gehen.

Nicht nur Hunde, sondern eben auch die Menschen brauchen ein bestimmtes Umfeld oder bestimmte Voraussetzungen, um sich zu entwickeln. Das Umfeld beeinflusst auch die Erfahrung, die sie machen können. Sie können entscheiden, wohin Sie gehen, wo Sie sich aufhalten, was Sie lesen, welche Sendungen Sie anschauen. Vieles davon erleben Sie bewusst, einiges läuft aber auch unbewusst ab.

Vielleicht besuchen Sie ja mit Ihrem Hund eine Hundeschule oder einen Hundeverein, weil Sie für sich hilfreiche Erkenntnisse und Erfahrungen brauchen, um etwas zu verändern oder zu verstehen. Oder Sie möchten Ihrem Hund etwas beibringen, was Sie für wichtig halten. So weit so gut. Nur was kann das genau bedeuten für Sie und Ihren Hund? Ich beschreibe die Zusammenhänge am einfachen Beispiel „Sitz":

Ein Teil der Erkenntnisse, die Sie mit Ihrem Hund beim Training machen könnten, setzt sich aus diesen Dingen zusammen:

Die Beobachtung:

Beobachtung ist präzise und genau auf Details ausgerichtet. Sie ist auch genau deswegen eingeschränkt. Uns entgeht das Umfeld, das große Ganze.

Also, Sie beobachten, ob Ihr Hund sich setzt, wenn Sie das Leckerchen nach oben halten. Was Welpen übrigens schon von der Mutter beim Säugen lernen. Wenn sie größer werden, setzen sie sich, um an die Milch zu kommen, und damit ist das ›Sitz‹ schon positiv belegt. Menschen ersetzen dann im Prinzip die Milch mit einem Leckerchen und verknüpfen es mit dem Wort ›Sitz‹ oder z.B. einer Körperhaltung.

Hier ist ›Sitz‹ als Konditionierung gemeint, ein Hund kann damit aber auch Zurücknahme und Ruhe anzeigen. Das kann von Menschen dann ganz anders eingefordert werden.

Die Wahrnehmung:

Wahrnehmung ist distanziert, braucht Abstand. Sie nimmt einiges gleichzeitig wahr, eröffnet einen Gesamteindruck, sieht Details im Umfeld und in der einen Situation.

Also, Sie nehmen wahr, dass das nur klappt, wenn der Hund ruhig ist und sehr oft eben nicht, wenn Sie nur das Wort ›Sitz‹ sagen.

Die Einsicht:

Einsicht setzt Beobachtung und Wahrnehmung voraus. Nur wenn alles zusammen wirkt, können Sie sinnvoll handeln.

Also, Sie hören auf den Tipp des Trainers, das Wort ›Sitz‹ erst zu sagen, wenn der Hund wirklich sitzt, damit er lernt, das Wort mit der Handlung zu verknüpfen. Und das sollten Sie auf keinen Fall bei einem ganz jungen Hund in Aufregung und Ablenkung oder bei einem, der es nicht korrekt gelernt hat, versuchen. Auch nicht, wenn sie selbst aufgeregt sind.

Die Intuition:

Intuition ist die plötzliche Einsicht in das nächst fällige Tun. Sie erkennt den nächsten Schritt und ist daher genau.

Also, Sie fühlen, dass der Hund, warum auch immer, im Moment zu aufgeregt ist. Sie vermeiden die Situation oder beruhigen sich und das Umfeld.

Ein Beispiel dazu von einer Kundin unserer Schule:

Eine neue Teilnehmerin unserer Gruppen war total überrascht, dass ihre Hündin endlich im Platz liegen blieb, während sie sich entfernte. Die Hündin war bereits drei Jahre alt und seit Welpenalter im Training bei verschiedenen Hundeschulen; somit wäre es eigentlich ganz natürlich, dass sie es mittlerweile gelernt hatte. Die Halterin war sehr engagiert. Aber in der vorherigen Hundeschule, wo sie trainiert hatte, war es für die Hündin einfach nicht möglich, dass sie im Platz liegen blieb. Schon das Hinlegen alleine fiel der Hündin in den vorherigen Gruppen sehr schwer. Erst bei uns im Training, mit Ruhe und niedrigem Energieniveau, schaffte sie es, dass der Hund sich sofort ohne Widerstand hinlegte und auch liegen blieb. Der Halterin ging dabei ein Licht auf: Sie erkannte, wie unfair es ihrer Hündin gegenüber gewesen ist, ein ›Platz‹ zu verlangen, wenn nicht alle Faktoren stimmten, um lernen zu können. Um diesen ›Befehl‹ zuverlässig zu konditionieren, war das Umfeld, das sie beschrieb, nicht geeignet. Vielleicht kann man es sich so vorstellen, dass wir auch alle in der Grundschule das ABC gelernt haben, bevor wir lernen konnten, wie Aufsätze geschrieben werden. Vor allem hatte die Hündin so oft gelernt aufzustehen, dass sie das ruhige Liegenbleiben im Prinzip nicht kannte. Der Hund wusste zwar, was bei ›Platz/Bleib‹ vom ihm verlangt wird, aber er konnte es nicht umsetzen, da die Faktoren ›Ruhe‹ und ›niedriges Energieniveau‹ fehlten.

Das ist ein gutes Beispiel dafür, was Hunde in einem unruhigen Umfeld lernen können. Ein Hund, der das mit guter Basis gelernt hat, kann auch in unruhigeren Situationen zuverlässig liegen bleiben. Dann könnte auch ein ›Platz‹ im Alltag in manchen Situationen hilfreich sein.

Das Beispiel ›Sitz‹ in der obigen Liste zum Thema Beobachtung, Wahrnehmung, Einsicht und Intuition ist eine einfache Basis. Was ist mit dem Halter, der einen Hund in der Leine stehen hat, wenn ihm jemand entgegen kommt? Oder mit einem Hund, der jedes Kind beißen will und aus seiner Erfahrung heraus vielleicht sogar muss.

Diesen Fragen sollten Sie im Training nachgehen:

- Wo fängt bestimmtes Verhalten an?
- Womit hängt es zusammen?
- Warum sollten Sie wann welches Verhalten unterbrechen, verbieten, oder ignorieren?
- Was können/sollten Sie wie tun, um es zu unterbrechen?
- Ist eine Aufgabe unter bestimmten Umständen überhaupt sinnvoll?
- Wann sollten Sie wie warum belohnen, wenn überhaupt?
- Welchen Typ Hund haben Sie und welcher Typ Mensch sind Sie?
- Wie müssten und wie können Sie sich verändern, wenn Sie Ihre Ziele erreichen wollen?

»*Wir schulden unseren Hunden ein klares Verhalten, initiativ wie reaktiv, Unklarheiten unsererseits stehen für Spannungen und sind ursächlich für Konflikte. Über Drill, wie ›Fuß‹- oder ›Platz‹- Befehle, wird natürlich kein Missverständnis, kein ›Problemverhalten‹ beseitigt.*«

Fr. Dorit Urd Feddersen-Petersen, Ausdrucksverhalten beim Hund, S. 16.

Wir alle sind, wie schon geschrieben, auch anderen Menschen und deren Hunden, sowie deren Einstellung und ihrem Verhalten ausgesetzt. Da haben Sie vielleicht einen pubertären Schnösel an der Leine, und der Halter neben Ihnen lässt seinen Hund reinrauschen oder Ihr Hund wird von ihm dominiert. Ja, ganz toll, denken Sie. Kann er nicht aufpassen? Warum merkt er das nicht? Nein, vielleicht hat er es tatsächlich nicht gemerkt. Er ist vielleicht in der Beobachtung hängen geblieben und/oder teilt vielleicht nicht Ihre Absichten und Vorstellungen. Vielleicht empfindet er auch die Dominanz oder hohe Energie seines Hundes als angenehm. Dafür hat er seine eigenen Gründe. Aber Sie selbst hätten zumindest die Chance zu lernen, genau das (intuitiv) wahrzunehmen und auch, dass Ihr Hund vielleicht überfordert ist. Dann hätten sie z.B. Abstand nehmen können, damit Ihr Hund keine schlechte Erfahrung macht oder selbst besser klar kommt und ruhig bleiben kann. Mit anderen Worten: Sie hätten Ihren Hund in dieser Situation geführt, für ihn entschieden. Dann hätte Ihr Hund diese Erfahrungen – und vor allem nicht mit Ihnen am anderen Ende der Leine – gemacht. Wenn das Ihre Absicht ist, müssen Sie handeln. Wenn Sie also stecken bleiben in der Haltung »Der andere hat Schuld, er hätte aufpassen müssen«, wird Ihr Hund lernen, sehr früh auf diese Umstände zu reagieren, weil er instinktiv handelt. Ihm ist es egal, was die anderen denken, Hunde schämen sich nicht. Und Ihr Hund kann diese Dinge viel früher wahrnehmen und umsetzen als Sie; er braucht vielleicht eine Sekunde dafür. Egal, ob Ihr Hund nun bei der Party mitmachen will oder im Abwehrverhalten ist –

Sie sollten für sich im Vorfeld klären, ob Sie das auch wollen und was Ihr Verhalten bewirkt bei Ihrem Hund.

Die Erkenntnis und Erfahrung Ihres Hundes schneller handeln zu können als Sie, überträgt er auf andere Situationen, weil Sie als Mensch nicht angemessen reagieren (können). Die ganz entscheidende Frage ist, warum Sie das nicht können. Sind Sie überfordert? Dann könnten Sie dazu stehen und Lösungen erarbeiten. Sind Sie gehemmt? Dann könnten Sie sich fragen, warum und was das für Ihren Hund und Sie bedeuten kann. Sind Sie wütend oder hilflos? Dann könnten Sie versuchen, daran zu arbeiten. Indem Sie für den Anfang ehrlich hinsehen und an sich arbeiten. Nicht am Hund. Denn er reagiert ja völlig angemessen aus seiner Sicht. Ganzheitliche Hundeschulen können Ihnen genau dafür gezielte Hilfen anbieten. Zumindest Hundeschulen, die sich mit dem menschlichen Verhalten im Zusammenhang mit dem Verhalten des Hundes beschäftigen.

Nehmen wir einmal den Fall an, Sie lösen das alles total souverän, haben eine tolle Hundeschule gefunden, aber Ihr Hund benimmt sich trotzdem ängstlich, hyperaktiv, dominant, aggressiv und/oder ist auffällig in verschiedenen Punkten. Welche Ansätze es hier noch geben kann, und wie es betroffenen Haltern dabei ergangen ist, wird im Kapitel ›Fallbeispiele‹ in vielen weiteren Einzelfällen beschrieben.

In den vielen Jahren des Lernens als Kunde in Hundeschulen und Vereinen mit meinen eigenen Hunden habe ich viele Halter erlebt, die doch aufgeben mussten (aus ihrer Sicht), weil das Level zu hoch für sie war. Manchmal waren auch einige Voraussetzungen für Veränderungen bei den Haltern nicht vorhanden. Es fehlte an Zeit, Interesse, Einsicht, Verantwortung, Gefühl oder an den finanziellen Mitteln. Es hinterfragte auch nicht jeder der Trainer die wirklichen Ursachen. Manchmal konnten die Halter nicht offen und ehrlich sein, vor allem zu sich selbst nicht. Da hat auch ein sehr guter, engagierter Trainer keine Chance. Ich selbst wollte nicht aufgeben, mit meiner damals sehr anspruchsvollen Hündin, und ging meinen eigenen Weg. Die Erfahrungen gebe ich heute in meiner Hundeschule weiter und bin immer wieder fasziniert, wie sehr diese, in diesem Buch beschriebene Form der Energiearbeit, als Unterstützung zum Hundetraining, das Leben der Halter verändert und verbessert. Oft hat sich dadurch ein besseres Selbstbewusstsein, ein Traumjob, eine bessere Basis für die Ehe oder Partnerschaft, mehr Ruhe und Gelassenheit und vieles mehr entwickelt. Und das wiederum beeinflusst den Umgang mit unseren Hunden und ihr Verhalten. Dafür ist Offenheit eine Grundvoraussetzung.

5.   Intensive Telefonate und Begegnungen

Es gab aber auch bei mir, wie bei allen anderen Trainern, auch nicht so erfolgreiche Begegnungen. Auch ich musste lernen, dass es Umstände für Hundehalter gibt, für die sie ihren eigenen Entwicklungs- und Lernprozess gehen müssen. Ich kann nur Angebote machen; ob Menschen sie annehmen können, kommt auf viele Faktoren an. Manche Seele braucht Zeit für Veränderungen. Diese Beispiele verdeutlichen vielleicht, warum es manchmal keinen Sinn macht, ein Training anzufangen oder zu erwarten, dass jeder die notwendigen Umstände verändert. Denn dann kann eine Verschiebung der Verantwortung stattfinden; auf den Trainer, den Mann, die Kinder usw. Das bringt vor allem beim Hundetraining niemanden weiter. Weder den Hund, noch den Halter und auch nicht den Trainer. Manchmal wird auch gerne mal von Haltern behauptet, der eine oder andere Tipp oder die eine oder andere Veränderung bringt nichts und wäre falsch. Es dauert oft eine Weile, bis auch ein Trainer erkennen kann, ob die Maßnahmen z.B. auch im Alltag umgesetzt oder korrekt angewendet werden.

Das Kartenhaus:

Eine Halterin rief mich an und sagte, sie habe, wenn sie mit ihrem Hund unterwegs ist, massive Angst vor freilaufenden, großen Hunden. Sie erklärte einige Hintergründe und ich sagte ihr schon am Telefon, dass bei dem Level der Angst eine einfache Beratung nicht reichen würde. Ich fuhr hin und stellte fest, dass ihr Hund massiv dominant ist. Der Mann und der Sohn verweigerten jegliche Mitarbeit. Sie würde sich nur anstellen, sagten sie und die Frau erzählte, dass sie das bei jeder Gelegenheit zu hören kriegte. Sie hatte Schweißausbrüche und richtige Panik, wenn sie mit dem Hund unterwegs war. Aber sie ging tapfer regelmäßig mit dem Hund raus. Die Belastung neben der Hausarbeit und ihrem Beruf war enorm. Keiner hielt es für nötig, ihr zu helfen. Um die Dominanz des Hundes wenigstens zu reduzieren, brauchte sie die Mitarbeit der Familie; auch hier kam nur Verweigerung. Sie gab an, sie hätte schon einmal vor Jahren vor einem Burn-out gestanden und eine Reiki-Behandlung abgebrochen. Das war ihr zu unheimlich; sie habe Angst. In dem Moment war mir klar, dass sie noch nicht so weit war, um sich ernsthaft mit ihren Problemen auseinanderzusetzen. Sie blieb aber mit mir in Kontakt und bedankte sich herzlich für die Hilfe. Sie gab an, sie könne sich nicht mit den Ursachen befassen, dann würde ihr Kartenhaus einbrechen. Ich war geschockt. Sie verstand zwar selbst, dass es bereits fünf vor zwölf war, aber das änderte nichts. Die Probleme mit ihrem Hund oder in ihrem Alltag waren nicht schlimm genug für sie, um den Schritt nach vorne zu machen. Zu einer Aufstellung oder Matrix-Anwendung war sie nicht bereit, obwohl sie davon überzeugt war, es würde ihr helfen.

In diesem Fall ging alles freundschaftlich auseinander, vielleicht macht sie irgendwann den Schritt. Es gab aber auch Fälle, die nicht so locker waren.

Der neue Hund:

Es rief mich eine Halterin an, die ihren früheren Hund vor einigen Wochen abgegeben hatte; er war nicht mehr zu halten und griff das Kind an. Viele Trainer hatte sie kontaktiert (die meiner Meinung nach teilweise wirklich gute Ansätze hatten), doch die konnten ihr nicht helfen. Der Hund landete im Tierheim. Sie gab an, es täte ihr leid; sie wisse, dass sie alles falsch gemacht habe. Also hatte sie sich eine Hündin einer anderen Rasse angeschafft. Mit diesem Welpen wollte sie alles richtig machen. Als ich also dort ankam, war die Kleine schon außer Rand und Band. Noch nicht schlimm, aber ohne Regeln und Grenzen. Also nahm ich mir in den nächsten Wochen viel Zeit für Beratung, Übungen und Informationen. Nur stellte sich mehr und mehr heraus, dass sie nicht viel Zeit mit diesen Dingen verbringen wollte. Sie las keins der Bücher, die ich ihr empfahl, schrieb nicht und rief nicht an, um zu berichten, wie es Zuhause lief. Sie kam nur ab und zu mal zu den Gruppentreffen. Ich stellte mehr und mehr fest, dass der Hund völlig unsicher und schlecht sozialisiert war. Er kam kaum raus, lernte nichts kennen. Der Hund verfolgte sie den ganzen Tag, war sehr hibbelig und unsicher. Es wurde immer schlimmer. Alle Versuche, ihr bestimmte Dinge zu erklären, scheiterten. Die anderen Teilnehmer wunderten sich, warum ich ihr immer und immer wieder die gleichen Sachen erklären musste. Nun, es kam der Tag, an dem ich Grenzen setzen musste. Sie gab aber nur zur Antwort, ich hätte ihr nie was erklärt, sie hätte eben keine Zeit. Ich gab ihr das restliche Geld für den laufenden Kurs zurück und beendete die Zusammenarbeit, was sie als unverschämt empfand.

Nun, aus heutiger Sicht kann ich sagen, dass hier das Drama des ersten Hundes begann sich zu wiederholen.

Manchmal helfen aber auch genau diese Konsequenzen, ein Umdenken in Bewegung zu setzen. Wir alle kennen das aus vielen Situationen des Alltages. Ich hatte nicht die leiseste Chance zu dem Zeitpunkt, etwas zu bewegen. Heute würde ich die Anzeichen besser erkennen. Das Wissen um viele seelische Dynamiken hilft auch mir heute, Chancen, Möglichkeiten aber auch Grenzen meiner Tätigkeit zu erkennen.

Beim Ignorieren ist die Grenze erreicht:

Ein Halter rief mich an und erzählte, sein Hund sei gefährlich geworden. Er bedrohe die Kinder und den Besuch sehr massiv. Er wird in eine Box gesperrt (und im Wintergarten gesichert), wenn Besuch kommt. Nun, inzwischen haben sie Angst, er könnte die Box zerstören. Sie hatten schon einige Trainer, nichts hat geholfen. Ich sprach lange mit dem Mann und er war offen für vieles. Er hätte schon oft darüber nachgedacht, den Hund abzugeben; seine Frau lehne das aber ab. Der Hund ziehe des Weiteren an der Leine; seine Frau könne nicht mehr mit ihm gehen. Und er giftet Hunde an der Leine an, er jagt und vieles mehr. Eine halbe Stunde nachdem wir den Termin gemacht hatten, rief er noch mal an und sagte ab. Er war selbst sehr traurig darüber. Er gab an, seine Frau habe gesagt, sie hätte auf meiner Internetseite gelesen, man müsse den Hund ignorieren (Wie auch immer sie das verstanden hat ist unklar und war für mich auch nicht mehr wichtig!) und das könnte sie auf keinen Fall. Sie hätte den Hund massiv unterworfen, gemaßregelt, Futter nur noch aus einem Beutel gegeben (sie gaben diese Dinge an als Tipps der bisher von der Familie aufgesuchten Trainer). Aber nichts hätte etwas gebracht. Aber ihn jetzt auch noch zu ignorieren und zurückzustellen, das lehnt sie ab. Ich habe dem Halter empfohlen, den Hund abzugeben; er käme gegen diese Dynamiken nicht an, seine Frau habe massive Probleme mit sich selbst. Er war sehr dankbar und erleichtert, dass ich ihm das so ehrlich gesagt habe. Er hatte selbst schon oft über diese Möglichkeit nachgedacht. Ich hoffe, er hat damit die Führung wieder übernehmen können, und sich zur Sicherheit der Kinder gegen den Hund entschieden. Er erkannte selbst im Gespräch, dass er genau da anfangen muss, um etwas zu bewirken. Dem Hund geht es natürlich auch nicht gut in dieser Familie. In dem Fall ist es die beste Lösung, wenn ein Umdenken nicht möglich ist. Die Ursachen können hier vielleicht noch nicht aufgedeckt werden, aber zumindest sind die Kinder sowie andere Menschen und Hunde hier nicht mehr in Gefahr. In diesem Fall konnte ich leider nur einen Impuls setzen, mehr war nicht möglich.

»*Es gibt einsichtige Tierhalter, mit denen man über Störungen des Gefüges reden kann und die bereit sind, Veränderungsvorschläge anzunehmen. Es gibt aber auch die uneinsichtigen Tierhalter, die sich vom Problem des Tieres abgekoppelt haben. Sie benötigen eine Möglichkeit, sich diese bewusst zu machen. Da der Aufwand einer systemischen Tieraufstellung gering ist, neige ich dazu, sie als generelle Therapiemaßnahme anzubieten. Erfüllen wir als Therapeuten nicht die vordergründigen Erwartungen der Klienten, ebnen wir ihnen den Weg, selbst eine Lösung zu suchen und zu finden.*«

Rosina Sonnenschmidt, Das Tier im Familiensystem: Psychologischer Leitfaden für Tierarzt und Tierhalter, S. 3.

TEIL 4

INFORMATIONEN ÜBER TIER- UND FAMILIENAUFSTELLUNGEN
UND QUANTENHEILUNGEN, PSYCHOLOGISCHES COACHING,
HOMÖOPATHIE.

ANWENDUNGSBEISPIELE UND ERFAHRUNGEN VON KUNDEN

1. Über Tier- und Familienaufstellungen

Dieses Kapitel entstand mit freundlicher Unterstützung von Eva-Maria Wunderlich; sie arbeitet schon seit zwei Jahren für uns und unsere Kunden und hat mit ihrer Arbeit schon vielen Haltern und Hunden helfen können, ihre Probleme zu lösen.

»Zu meiner Person: Als Heilpraktikerin für Psychotherapie leite ich seit 2005 eine Praxis für Kurzzeit-
therapie in Oldenburg. Hier arbeite ich überwie-
gend mit systemischen Aufstellungen. NLP-
Konzepte, die Klopfakupressur und Gesprächsthe-
rapien ergänzen meine Praxis. Ich bin sowohl in
Gruppentherapie wie auch Einzeltherapie tätig. Unter Anderem leite ich zusammen mit einer Kollegin
die Gruppen ›Glück ist … meine eigene Schöpfung‹
und betreibe das SIO-Institut (Systemisch-
integratives Institut Oldenburg), welches für die
Aus- und Fortbildung zu systemisch-integrativen
Therapeuten zuständig ist.«

http://www.eva-wunderlich.net

An dieser Stelle möchte ich für Sie versuchen, die Methode der Systemischen Aufstellungsarbeit in Worten
darzustellen.

Jeder kann im Internet oder in vielen Büchern Informationen über Tier- und Familienaufstellungen finden.
Hier nur einige Informationen:

Aufstellungsarbeit – basierend auf der Methode des
Familienstellens – bietet eine wunderbare Möglichkeit zu
erkennen, was hinter Krankheitserscheinungen, Ängsten,
sozialen Konflikten oder anderen Blockaden steht. Da die
Aufstellungsarbeit auf der Seelenebene wirkt, können
Menschen problemlos als Stellvertreter für Tiere stehen.
Über das morphogenetische oder ›wissende‹ Feld emp-
fangen sie wertvolle Informationen über deren Befind-
lichkeiten und Bedürfnisse von Mensch und Tier. Die

Methode ›Familien- und/oder Tieraufstellungen‹ kommt aus dem Kreis der Systemischen Kurzzeittherapien.

Aufstellungen sind sowohl in der Gruppe wie auch als Einzelsitzung möglich. Bei Gruppenseminaren werden einige Teilnehmer der Gruppe stellvertretend für z.B. Familienmitglieder, Haustiere, Arbeitskollegen usw. aufgestellt.

Die Stellvertreter erleben die Gefühle der Personen aus dem jeweiligen System und drücken ihre Beziehungen zueinander aus. Schon aus diesem ›In-Beziehung-zueinander-stehen‹ wird oft sichtbar, wo eine Störung liegt. Die nun folgende Arbeit besteht darin, die Ursache für die Störung aufzudecken und eine gute Lösung zu finden. Der Klient spürt dies sehr genau und vieles wird auch äußerlich sichtbar.

In der Hundeschule von Silvia Hüllenkremer wende ich die Methode der Einzelaufstellungen an. Eine Tieraufstellung führt den Menschen auch zu seinen eigenen Themen. Denn mit ihrem Verhalten oder auch ihren Krankheiten halten uns unsere Tiere auf liebevolle Weise einen Spiegel vor. Jeder kann in diesem Spiegel die Ursachen seiner eigenen Probleme erkennen und lösen.

Der Hundehalter berichtet mir von seinem jeweiligen Problem mit seinem Hund. Anschließend stelle ich Fragen zum Umfeld, bzw. wen es noch in der Familie gibt und was er sich denn anders wünscht.

Danach sucht der Hundehalter Gegenstände für den Hund und evtl. auch für seine Familienmitglieder aus und platziert diese im Raum. Bildhaft ausgedrückt legt er sein inneres Seelenbild nach außen vor sich hin. Mancher erkennt schon dabei, wo etwas im Argen liegt. Z.B. liegt das Symbol des verhaltensauffälligen Hundes weit weg an der Tür zusammen mit dem Symbol für den schwierigen Sohn der Familie.

Anschließend stellen sich Frau Hüllenkremer (meist ist sie auf Wunsch der Halter anwesend) und ich auf jedes Symbol im Raum und berichten von unseren jeweiligen Gefühlen von den Plätzen aus. So wird nach und nach immer klarer, woher die Störungen eigentlich kommen. Oft gibt der Platz des Hundes wichtige Hinweise.

Nach Erkenntnissen, erlösenden Sätzen, manchmal endlich zugelassener Trauer oder mutigem Durchschreiten von Ängsten, entspannt sich nicht nur vieles in der Familie, sondern wie durch ein Wunder erfahren wir auch auf dem Platz des Hundes die positive Veränderung.

Das eigentliche Wunder geschieht nun, wenn der Hundehalter nach Hause geht. Auf einmal oder nach einiger Zeit zeigen sich oft positive und entspannte Veränderungen seines inneren Seelenbildes im Äußeren, das heißt, der Hund verhält sich so, wie der Klient es sich gewünscht hat. Ein achtsamer, artgerechter Umgang mit der Hundeseele ist auch hier sehr wichtig.

Meiner Erfahrung nach möchten Hunde aufgrund ihrer grenzenlosen Liebe zu den Besitzern, der Familie mit ganzer Seele dienen. Ja, denn auch Tiere haben eine Seele! Das kann sich auf ganz verschiedene Art und Weise zeigen.

Vielleicht kennen Sie die wahre Begebenheit des Hundes, der bis zu seinem eigenen Tod auf dem Grab seines verstorbenen Herrchens Platz nahm und nicht zu bewegen war, sich von dort zu entfernen. »Ich folge dir in den Tod aus Liebe.«

Oft spiegelt der Hund auch die Aggressionen des Halters und wird zur Gefahr für andere Menschen oder Tiere. Dies können auch versteckte Aggressionen sein. Sie kennen sicherlich den Ausspruch: »Das hat er ja noch nie gemacht.« Er symbolisiert sozusagen die unbewussten Aggressionen des Halters, die dieser nicht wahrhaben will und nicht ausleben kann.

Hier passt gut das Sprichwort: »Zeige mir das Verhalten deines Hundes und ich sage dir, wer du bist.« Oder: »Wie der Herr, so das Gescherr (der Hund).«

Aber nicht immer spiegelt der Hund eine Problematik in der Halterfamilie. Manchmal hat er auch traumatische Erfahrungen in der Vergangenheit gemacht. Z.B.: er ist ausgesetzt worden, er wurde als Welpe von einem anderen Hund verletzt, die Vorbesitzer haben ihn geschlagen oder stark vernachlässigt, die Hundemutter ist bei der Geburt verstorben.

Auch das kann sich während einer Einzelaufstellung zeigen. In diesen Fällen erweisen sich dann das Meridianklopfen und die Bachblütengabe als sehr heilsam. Das Meridianklopfen (auch MET, EFT oder energetische Psychotherapie genannt) ist eine Methode, bei der Akupunkturpunkte beklopft werden, um Stress zu lösen. Die Bachblüten wirken vor allem bei Tieren und Kindern unterstützend. Dabei ist es nicht relevant, ob das Tier körperlich anwesend ist oder nicht. Über den Seelenplatz wirkt das Meridianklopfen genauso gut, wie die direkte

Behandlung. Die Bachblüten werden während der Aufstellung ausgetestet und anschließend je nach Bedarf dem Tier direkt verabreicht.

Silvia Hüllenkremer ist inzwischen bei ca. 150 Aufstellungen dabei gewesen und hat diese Menschen weiter im Training und in ihrer Entwicklung betreut. Gibt es ungelöste Konflikte beim Menschen, spiegelt das der Hund. Voraussetzung für eine Aufstellung ist sicherlich Offenheit oder ein Leidensdruck und die seelische Reife, sich auseinander setzen zu können. Die Wirksamkeit dieser Energiearbeit ist inzwischen wissenschaftlich bewiesen.

Unter den Kunden der Schule von Frau Hüllenkremer sind auch Erzieher. Sie arbeiten mit Menschen, die Hilfe brauchen und kennen die Aufstellungsarbeit, die auch dort von Therapeuten durchgeführt wird. Meiner Meinung nach sollten (bei komplexen familiären Verstrickungen) Aufstellungen von Menschen angewendet werden, die eine professionelle Ausbildung, Erfahrung mit Energiearbeit haben und am besten auch viel Lebenserfahrung mitbringen. Aufgrund meiner jahrelangen Erfahrung im Erspüren auf verschiedenen Stellvertreterplätzen und dem Wissen über systemische Hintergründe und Zusammenhänge kann ich während dieser Einzelaufstellungen recht schnell dem eigentlichen Problem auf die Spur kommen. Es ist immer berührend, wie dann mit Hilfe der/des Klientin/en eine Lösung für den Hund und oft auch die Familie gefunden wird.

> »*Was in Aufstellungen passiert, ist rätselhaft: Da stehen Menschen im Raum, repräsentieren fremde Personen und äußern Wahrnehmungen, die von ihrer Position in der Aufstellung abhängig sein sollen. Esoterik? Offenbar nicht. Peter Schlötter, Dipl. Ing., leitete lange Jahre eine technische Abteilung eines mittelständischen Konzerns, ist Lehrbeauftragter der Universität Karlsruhe und Doktorand der Uni Witten/Herdecke. Ihm ist der Nachweis gelungen, dass die Konstellation auf den Menschen wirkt. Schlötter: ›Wir wachsen mit 2 Muttersprachen auf: Deutsch und Systemisch.‹*«
>
> managerSeminare – Heft 84, März 2005.

2.   Was ist Quantenheilung?

Dieser Bereich wird vorgestellt von Susanne Knorr. Auch sie hilft uns und unseren Kunden erfolgreich mit ihrer Arbeit. Kunden unserer Hundeschule haben schon bei ihr Seminare besucht und sind dadurch inzwischen selbst Anwender.

> »Seit 2004 bin ich selbstständig tätig im Bereich Energiearbeit, seit 2009 lizenzierte Seminarleiterin für Matrix Inform®/Energetics® beim Heede-Institut. In den Einzelcoachings für Mensch und Tier greife ich auf ein breit gefächertes Wissen aus verschiedenen Methoden zurück, wie z.B. systemische Aufstellungen, Mentaltraining, Hypnose, Fragetechniken, Russische Heilweisen, Schamanische Elemente und vieles mehr.«
>
> www.MenschRaumEnergie.de

Matrix Inform®, Quantenheilung – was sind das für Methoden, die seit einigen Jahren solch einen regen Zulauf von Menschen erfahren, die sich bewusst mit ihrer Realitätsgestaltung auseinandersetzen wollen?

Die Grundannahmen sind nicht neu und entsprechen dem Wissen, das Heiler, Spirituelle und Weise seit tausenden von Jahren haben und praktizieren: Alles, was wir als Materie wahrnehmen, ist im Kern Licht, Schwingung und Information. Was uns als fest und unumstößlich erscheint, ist Produkt unserer Gedanken, Prägungen und Erfahrungen. Und da wir in der Lage sind, unsere Gedanken, Glaubensmuster und Verhaltensweisen zu verändern und situationsbezogen anzupassen, können wir in letzter Konsequenz auch unsere materielle Umwelt verändern.

Ehe wir zum praktischen Nutzen für Hund und Halter kommen, möchte ich einige Grundlagen von Matrix Inform® vorstellen.

Die Quantenphysik bringt in der heutigen Zeit den Vorteil, dass wir die Zusammenhänge zwischen innerer

Haltung und äußeren Umständen mit wissenschaftlichen Erklärungsmodellen untermauern können.

Quantenobjekte haben die Eigenschaft, dass sie innerhalb von einer Sekunde mindestens 10.000.000.000 Mal entstehen, zerfallen und an einer anderen Stelle wieder entstehen. Dieser Prozess geschieht in einem so winzigen Zeitintervall, dass wir ihn mit dem Auge nicht wahrnehmen können. Diese blitzartige Veränderung gaukelt uns in unserer trägen Wahrnehmung Kontinuität vor. In Wirklichkeit sind die Quantenobjekte, die hauptsächlich aus ›Nichts‹ – bzw. aus dem wissenden Feld – bestehen, auch noch die meiste Zeit nicht da.

Quanten haben die Fähigkeit, mit einer gewissen Wahrscheinlichkeit an mehreren Orten gleichzeitig zu sein. In dieser sogenannten Superposition nehmen die kleinsten Bestandteile von Materie nicht eine bestimmte Qualität an, sondern sie halten verschiedene Varianten aufrecht. Diesen Zustand nennt man auch Wellennatur der Quanten.

Erst in dem Moment, wo jemand mit seiner bewussten Absicht auf diese sogenannte Wahrscheinlichkeitswolke einwirkt und seine Aufmerksamkeit auf eine der vielen Möglichkeiten richtet, kollabiert die Welle. Wellenkollaps bedeutet, dass aus dem sich ständig verändernden, vielfältigen Zustand der Quantenobjekte eine Variante herausgegriffen wird und sich diese als Quantenobjekt mit Teilchenqualität manifestiert. In dem Moment ist das Teilchen sichtbare und messbare Realität und nicht länger mögliche Wahrscheinlichkeit.

Was heißt das für die Praxis?

Auch wir Menschen, Tiere und alle Materie um uns herum bestehen aus Quantenobjekten. Wir befinden uns in einem ständigen Prozess von Verfall und Neuentstehung. In welcher Qualität Materie neu entsteht, hängt demnach von der Qualität meiner Absicht ab. Denn die zunächst unbestimmte Quantenvielfalt folgt meiner konkreten Absicht und verwirklicht diese.

Kurzum: Die Quanten selbst sind leidenschaftslos, was ihre Position angeht. Jedes Muster, zu dem sie sich formieren können, kostet sie nur den viel zitierten, in Wahrheit klitzekleinen Quantensprung, der in Bruchteilen von Sekunden fortlaufend geschieht.

Doch warum verharren wir in Situationen, die uns zuwider sind? Warum fallen uns Veränderungen schwer? Warum verändern wir ungeliebte Verhaltensmuster nicht mit einem Wimpernschlag? Theoretisch müsste das nach diesem Erklärungsmodell möglich sein.

Wenn ich einen störenden energetischen Zustand ändern will, muss ich ein gewisses Maß an Energie und Aufmerksamkeit aufbringen, um das bestehende Energiemuster der Quanten aufzubrechen und durch das Muster, das der neuen Absicht entspricht, zu ersetzen. Genau diesen Veränderungsimpuls unterstützt Matrix Inform®.

Matrix Inform® eignet sich auch für die direkte Anwendung beim Hund. Erfahrungsgemäß haben Tiere einen guten Zugang zu energetischer Arbeit. Während den Menschen manchmal der Verstand im Weg steht, sind Tiere eher im Gefühl und können sich gut auf ein Miteinander auf der unbewussten Seelenebene einlassen.

Was genau passiert bei einer Matrix Inform®-Anwendung?

Üblicherweise trägt der Kunde ein Thema vor, das er verändern möchte. Das kann ein körperliches Thema sein, z.B. eine aktuelle Verletzung, ein sonstiges Lebensthema, wie wiederkehrendes Pech in Beziehungen, eine Vision oder ein Wunsch, wie z.B. eine Reise, oder etwas ganz Konkretes wie: Ich brauche in möglichst kurzer Zeit in einem bestimmten Ort eine Wohnung mit einer bestimmten Größe und in einem gewissen Preisrahmen.

Für Hundehalter können sich Themen ergeben wie die Stärkung der eigenen Durchsetzungskraft dem Hund gegenüber oder die Beseitigung oder Veränderung von unerwünschtem Verhalten des Hundes. Allerdings sollten Sie immer bedenken, dass der Hund mit seinem Verhalten seinen Menschen spiegelt und letztlich alles, was Sie am Hund bemängeln, seine Ursachen auch in Ihrem eigenen Verhalten hat. Es kann natürlich auch traumatische Ereignisse im Leben eines Hundes geben, die ihn nachhaltig prägen und die sich unabhängig von Ihnen bei einem früheren Halter ereignet haben.

Letztlich hat jedes Thema, jedes Verhalten, jedes Bedürfnis, jede Absicht oder Entscheidung eine materielle, mit den Sinnen wahrnehmbare Seite und eine feinstoffliche, infoenergetische Seite. An dieser Seite arbeiten wir mit der Schwingung, der Frequenz, dort, wo alles Information und Gedanke ist.

Über das Gespräch – auf spontane und unbewusste Äußerungen kommt es hier ganz besonders an –, die Körperwahrnehmung als Übersetzung der Emotionen und die intuitiven Informationen aus dem wissenden Feld werden die lösungsorientierten Frequenzen und zielführenden Schwingungen im Feld der Person installiert. Wenn über den Impuls von Matrix Inform® diese Informationsebene umprogrammiert wird, verändern sich auf Quantenebene die Schwingungsmuster, und die Materie kann nicht anders, als sich dem entsprechend neu zu formieren und zu realisieren.

Eigentlich ganz einfach ... Lesen Sie die Erfahrungsberichte, die in diesem Buch veröffentlicht sind.

»Die Quantentheorie ist die größte wissenschaftliche Errungenschaft; sie ist weitaus bedeutsamer und von sehr viel direkterem praktischem Nutzen als die Relativitätstheorie. Dabei macht sie einige merkwürdige Vorhersagen. Die Welt der Quantenmechanik ist in der Tat so merkwürdig, dass sogar Albert Einstein sie unverständlich fand und sich weigerte, sämtliche Implikationen der von Schrödinger und seiner Kollegen entwickelten Theorie anzuerkennen. «

John Gribbin, Auf der Suche nach Schrödingers Katze, S. 15.

3. Wirkweise von homöopathischen Arzneien

Bei homöopathischen Arzneien steht der Mensch im Vordergrund, nicht die schulmedizinische Diagnose. Ziel dieser Behandlung ist die Stärkung der Lebenskraft, die im homöopathischen Weltbild eine geistartige Qualität hat. In der Homöopathie wird Heilung als Prozess definiert, der beginnen kann, wenn Botschaften von Symptomen verstanden und integriert werden. Homöopathische Mittel sind Informationsträger, die über eine eigene Matrix, ein energetisches Grundmuster, verfügen. Häufig sind es ungelöste Konflikte, die zu emotionalen oder körperlichen Symptomen führen. Nach den Ansätzen der Homöopathie steht das Gleichgewicht der Lebenskraft im Vordergrund. Krankheit (seelisch wie körperlich) ist hier also der Ausdruck einer aus dem Gleichgewicht geratender Lebenskraft. Hinter jeder Krankheit liegt ein dringender Wunsch der Entwicklung, dem es nachzukommen gilt, wenn Heilung angestrebt wird.

Die meisten Menschen nehmen bewusst oder unbewusst wahr, dass sie Gedanken, Gefühle, Erlebnisse oder Ängste loslassen müssten, um sich weiter entwickeln zu können. Nur wer weiß schon, wie das genau geht. Man kann z.B. mit Affirmationen, Meditation oder Psychotherapie vieles erreichen.

Homöopathie, sowie auch die hier vorgestellten Möglichkeiten der Tier- und Familienaufstellung sowie die Anwendungen der Quantenheilung haben das Ziel, ein Ungleichgewicht des energetischen Grundmusters auszugleichen, also der so genannten Matrix. Alle diese Möglichkeiten wirken sich direkt oder indirekt auch auf Tiere aus.

4. Unsere Zusammenarbeit mit der Heilpraktikerin Angela Reinhardt

> »*Mein Name ist Angela Reinhardt. Ich bin Heilpraktikerin und Psychologischer Coach und habe eine eigene Naturheilpraxis 30 Autominuten von der Firma Hundehalterberatung entfernt.*«
>
> http://www.heilpraktikerin-reinhardt.de/
> www.business-health-consulting.de

Etwas verwundert, aber sofort hellhörig und interessiert, nahm ich gerne die Einladung zu einem ersten Gespräch mit Frau Hüllenkremer an. Zunächst erklärte ich, dass ich keine Tierheilpraktikerin sei, sondern als reguläre – vor dem Gesundheitsamt geprüfte – Heilpraktikerin für Menschen arbeite. Frau Hüllenkremer kannte meine Passion für Hunde und Pferde und wusste, dass mein Mann einen Reit- und Zuchtstall betreibt. Die Nähe zu Tieren und meine Beschäftigung als Trainerin und Seminarleiterin, in der ich die Beziehung zwischen Tieren und Menschen als Kommunikations- bzw. Führungsmittel nutze, waren ihr bereits bekannt. In meinen Seminaren *Natural Leadership – Natürliches Führen und Kommunizieren*, nutze ich Vergleiche aus der Natur sowie Hunde und Pferde als Mediatoren. Diese Seminare für Führungskräfte, Manager, Therapeuten und Selbständige stellen unsere ursprünglichen instinktiven und inspirativen Fähigkeiten wieder an die Spitze unseres Denkens. Die Teilnehmer lernen ihre eigene, ganz authentische Art zu führen und zu kommunizieren kennen und werden dadurch nicht nur erfolgreich, sondern auch zufrieden, ja sogar glücklich. Des weiteren habe ich die zertifizierte Ausbildung zum *Animal Assisted Trainer* entwickelt, die Therapeuten, insbesondere Heilpraktiker, befähigt, Tiere, Hunde oder Pferde als Mediatoren sinnvoll einzusetzen.

Bereits beim ersten Zusammenkommen ergab sich ein angeregtes Gespräch über die Themen Seelenspiegel, Kommunikation und Beziehung zwischen Mensch und Hund. Frau Hüllenkremer hat mehrjährige Erfahrung in der Ausbildung von ›Problem‹-Hunden und ihren Besitzern. Ihre Erfahrung hat sie gelehrt, dass die gesundheitliche – körperliche und seelische – Haltung des Hundehalters sich im Verhalten des Hundes spiegelt – nicht immer im Verhältnis 1:1. So einfach ist es nicht: Wütender Besitzer ergibt wütenden Hund. Das oftmals unbewusste Vorhandensein von Krankheit (im ganzheitlichen Sinne von Ungleichgewicht) spiegelt der Hund in seinem Verhalten wider. Zunutze macht sich das der Mensch bereits z.B. beim sogenannten ›Diabetiker-Hund‹, der eine lebensbedrohliche Unterzuckerung des Hundeführers durch auffälliges Verhalten anzeigt. Hier wird der entwickelte Geruchssinn des Hundes sinnvoll genutzt. Die offensichtliche für Menschen unübliche große Aufmerksamkeit, die hier der Hund seinem Führer entgegenbringt, ergibt die logische Schlussfolgerung, dass jedwedes Verhalten des Hundeführers, sich im Verhalten des Hundes niederschlagen kann. Bereits mit Frau Wunderlich hat Frau Hüllenkremer ansehnliche Veränderungen und Fortschritte, sogar ›Heilung‹ der defekten Hundehalter-Hund-Beziehung erlebt.

Meine lebenslangen Erfahrungen mit Hunden und meine Fähigkeiten als Heilpraktikerin und Psychologischer Coach kann ich in Einzelgesprächen mit den Haltern und in Anwesenheit ihrer Hunde vollständig nutzen. Zunächst steht zu Beginn das Gespräch (Anamnese) in Anwesenheit des Hundes. Frau Hüllenkremer bietet ihren Klienten an, ebenfalls anwesend zu sein und die Problematik ggf. aus ihrer professionellen Sicht darzustellen oder zu ergänzen. Coaching ist eine Form der Therapie und findet zunehmend einen festen Platz als anerkannte Methode. Es besteht nicht hauptsächlich aus einem Frage-Antwort-System, sondern ermöglicht dem Klienten durch bestimmte Gesprächsführung, die eigene Situation und Position – absolut wertungsfrei – zu erkennen. Die Informationen, die der Klient erhält, ermöglichen ihm nun eine eigene, und dadurch eben authentische und wirkungsvolle Lösung zu erkennen und nachzuvollziehen. Neben dem ausführlichen Coaching-Gespräch kann ich mit Hilfe von ganzheitlichen Therapiemethoden versuchen, die Problematik aufzulösen bzw. das Verhältnis zu verbessern. Das Gespräch (Coaching) in Ergänzung mit weiteren Therapieformen wie der Homöopathie, Biochemie, Heilpflanzentherapie u.v.a.m. ergeben letztlich ein Therapiekonzept. Nach der Erkenntnis des eigenen Ungleichgewichts, ergibt sich ggf. eine naturheilkundliche Weiterbehandlung in meiner Praxis, falls notwendig verweise ich an die ärztliche Kunst.

Dem Ansatz von Frau Hüllenkremer liegt die Einsicht zugrunde, dass wir durch unser Verhalten, unsere innere

Haltung und unsere Dysbalancen nach außen ausstrahlen und nach außen wirken. In der komplexen Mensch-Hund-Beziehung scheint die eigene Dysbalance sehr direkt und ungefiltert, eben durch das Verhalten des Hundes, widergespiegelt zu werden. In meinem Ansatz dient dann wiederum der Hund und dessen Verhalten dem Hundeführer als Antwort auf seine eigenen Dysbalancen. Ist diese Erkenntnis einmal erfolgt, kann ich dann therapeutisch die Auflösung des Problems ganzheitlich unterstützen.

Eine spannende Arbeit und eine große Chance für Mensch und Hund!

5. Partnerschaft mit einem Kollegen und sein Weg der Veränderung

Michas mobile Hundeschule & Hundepension

Mein Name ist Michael Strunk. Ich bin seit 12 Jahren Hundeführer bei einer Diensthunde haltenden Behörde, und seit zwei Jahren habe ich im Nebenberuf eine mobile Hundeschule und eine kleine Hundepension.

Meine Ausbildung im Hundewesen basierte 11 Jahre auf der klassischen ›Sitz, Platz, Fuß‹-Methode, also der technischen Ausbildungsmethode. In dieser Zeit habe ich mehrere Vereine in meiner Umgebung besucht. Aber keiner konnte mir die Ausbildung bieten, die ich selber gesucht habe. Immer wurde statisch die Prüfungsordnung geübt. Davon wurde keinen Zentimeter abgerückt.

Die Hunde (auch meine) haben auf den Plätzen wunderbar funktioniert, aber abseits der Übungsanlagen traten Probleme auf, die jeder Hundehalter kennt: ziehen an der Leine, andere Hunde anbellen usw. Schon damals habe ich ab und zu das Training geleitet und habe die Hundeführer vor neue Aufgaben auf dem Platz gestellt. So wurden Übungen einfach mal umgestellt. Und siehe da – der Hund hatte auf einmal doch nicht den gewünschten Gehorsam. Ich stellte für mich fest, dass die Arbeit auf dem Platz nicht alles sein kann und habe mich dann von der Vereinsarbeit getrennt. Viele Jahre hat sich auf diesem Sektor dann nichts getan. Mein Diensthund wurde klassisch ausgebildet, und unserem Familienhund haben wir den Grundgehorsam beigebracht.

Tief in mir sagte aber immer etwas: »Das ist nicht richtig, was du hier machst. Es muss doch einen anderen Weg geben, die Hunde auszubilden.« Versuche, auf der Arbeit andere Methoden auszuprobieren, wurden meist im Keim erstickt. Im privaten Umfeld wurde ich immer mal wieder bei Problemen von Hundehaltern mit ihren Hunden angesprochen und fing so langsam an, diesen durch Gespräche zu helfen. Am Anfang war es eine Mischung aus ›alter Schule‹ und meinen Ideen. Als die Anfragen immer mehr wurden, habe ich meine Hundeschule gegründet und konnte den Leuten endlich nach meiner Überzeugung helfen – ich war ja mein eigener Chef. Aber irgendetwas hat da noch gefehlt. Ich konnte zwar nun ›meine‹ Technik so anwenden wie ich es für richtig hielt, aber ich hatte nicht immer Erfolg damit. Ich hörte immer öfter den Satz: »Wenn Sie dabei sind, klappt alles.

Sobald Sie aus der Tür sind, wird es wieder schlimmer.«
Zu jener Zeit konnte ich mir noch nicht so richtig einen
Reim darauf machen. Heute weiß ich, dass damals meine
Energie unbewusst schon gearbeitet hat. Ich habe dies
nur nicht wahrgenommen.

Nun sollte eines Tages ein neuer, schwieriger Hund
bei uns einziehen. Ich hatte aufgrund der Vorgeschichte
des Hundes höllischen Respekt vor ihm und hatte immer
ein mulmiges Gefühl, wenn ich zu ihm in den Zwinger
musste.

Über eine Bekannte hörte ich nun von Silvias Hundeschule (*Hundehalterberatung.eu*), die mit einem anderen
Konzept arbeitet; nämlich ganzheitlich. Ich selbst konnte
bei dem Hund dieser Bekannten mit meiner ›technischen‹ Methode nicht wirklich weiter helfen. Dieser
Hund legte aber auf einmal durch Silvias Training, ein
ganz anderes, besseres und ausgeglicheneres Verhalten
an den Tag. Ich wurde neugierig. Also habe ich Silvia
angerufen und in eigener Sache um Rat gebeten. Wir
vereinbarten einen Termin und ab da hat sich vieles, was
ich über Hundeausbildung zu wissen glaubte, für mich
auf den Kopf gestellt. Wir hatten ein sehr langes und
emotionelles Gespräch. Sowohl Silvia als auch meine
Frau überzeugten mich davon, dass ich bis jetzt nicht auf
meinem Weg der Hundeausbildung war. Ich wollte
mehr. Dafür bin ich beiden sehr dankbar. Ab hier sollte
sich in meinem Leben einiges ändern.

Zuerst trennte ich mich von dem neuen Hund, der als
Diensthund nicht geeignet war. Ich besuchte die Gruppenstunden bei Silvia und nahm an einigen Seminaren

teil. Es war immer eine Mischung aus Schüler und Lehrer. Ich lernte viel Neues und konnte aber auch meine Erfahrung mit einfließen lassen. Da wir beide uns im Laufe der Zeit immer besser ergänzten, entschlossen wir uns zu einer Partnerschaft der Hundeschulen und arbeiten seitdem viel zusammen.

Aufgrund der ganzheitlichen Trainingsmethode hat sich viel bei unseren Hunden, aber auch im menschlichen Umfeld getan. Ich bin viel ruhiger und gelassener geworden. Selbst in unserer kleinen Hundepension macht sich einiges bemerkbar. Die Gasthunde benötigen meist nur einen Tag und lassen sich dann durch Energie und Ausstrahlung im gewissen Rahmen führen. Natürlich können wir in der Hundepension kein Problem vom Hundehalter lösen. Aber die Hunde lassen sich im gemischten Rudel führen und leiten.

Nun war mein Ehrgeiz geweckt und ich fing an, meinen Diensthund, der vorher schon bei uns lebte, auch auf der Arbeit energetisch zu führen. Und was soll ich sagen: Viele meiner Kollegen wurden neugierig und interessierten sich für die Hintergründe. Einige Hunde, die nun von meinem neuen Wissen profitierten, entwickelten sich in erstaunlicher Weise.

Inzwischen gibt es für mich keine Alternative. Mein Diensthund wurde in allen Bereichen ruhiger und erledigt seine Aufgaben aus Überzeugung und nicht mehr, weil er es muss. Wir sind ein wirkliches Team geworden.

Da wir einige Dinge auf der Trainingsebene nicht lösen konnten, habe ich Silvia vertraut und bin noch einen mutigen Schritt weitergegangen. Ich habe mich auf ganz neues Terrain gewagt. So durfte ich meine erste Tieraufstellung mit Eva-Maria Wunderlich erleben. Während der Aufstellung wurde ich immer neugieriger. Eva wusste von meinen Hunden Dinge, die ich weder von mir aus erzählt habe, noch die sie durch geschickte Fragestellungen erfragt haben konnte. Sie stellte sich auf die Position von meinem alten Hund. Alle im Raum kannten nur den Namen. Und dann beschrieb sie meinen Hund so detailliert, dass bei mir alle Dämme brachen und ich einfach nur noch geweint habe. Es wurde so einiges bei den Aufstellungen zurechtgerückt und unser Rudel fing an, sich zu seinem Vorteil zu verändern. Es war fast unglaublich, aber für jeden zu sehen, wie sich die Hunde veränderten.

Und als ob das noch nicht genug Veränderung gewesen wäre, kam nach einiger Zeit noch die Arbeit mit Matrix Inform® dazu. Auch hier war ich erst mal vorsichtig; aber eben auch neugierig. Das Vertrauen war auch hier da und ich habe mich auf diese Art der Energiearbeit eingelassen. Nach meiner ersten Welle war für mich sofort klar: »Das willst du auch lernen.« So bin ich heute auch Matrix Inform®-Level2-Anwender und konnte mit diesen Möglichkeiten schon vielen Kunden und deren Hunden in meiner Hundeschule helfen. In den Gruppen betreut Silvia diese Kunden weiter, weil ich aus zeitlichen Gründen keinen Gruppenunterricht anbieten kann. Ich habe ihn nun endlich gefunden – meinen Weg der Ausbildung, den ich immer gesucht habe.

Es ist nicht nur der Hund. Ich sehe endlich das Gesamtpaket und habe Lösungsmöglichkeiten. Nicht selten schlägt der Weg bei einem Einzeltraining eine Richtung ein, mit der ich nie im Leben gerechnet hätte. Heute lasse ich mich darauf ein und kann dem Team Mensch-Hund helfen. Auch habe ich gelernt, den Kunden die Wahrheit direkt, klar und ungeschönt, aber achtsam und respektvoll vor Augen zu führen, auch auf die Gefahr hin, diesen Kunden dann zu verlieren. Wenn dann die Bereitschaft für mehr da ist, entwickelt sich Erstaunliches bei Mensch und Hund. Phobien, Blockaden und Ängste können gelöst werden. Sichtweisen ändern sich, aus Unruhe wird Gelassenheit. Es entsteht eine neue Lebensqualität. Ich bin meinen Hunden und allen Menschen dankbar, die mich auf diesen Weg geführt haben. Besonderer Dank gilt meiner Frau Ina, die mich immer in meinen Vorhaben unterstützt und mir auch schon mal einen Ruck in die richtige Richtung gibt.

Michas mobile Hundeschule & Hundepension:
www.hundewohnzimmer.de

6. Anwendungsbeispiele aus meiner Praxis

Nun aber endlich einige Praxisbeispiele. Die Umstände sind hier vereinfacht dargestellt. Natürlich haben viele Übungen und wichtige Gespräche stattgefunden, um Schritt für Schritt eine Arbeit an der Basis zu ermöglichen. Alle Veröffentlichungen der Fallbeispiele sind mit den Haltern abgesprochen. Alle haben Interesse daran, mit ihrer Entwicklung Menschen Mut zu machen, andere Wege zu gehen, um ein selbstbestimmtes Leben zu erreichen. Denn ein Mensch, der selbstkritisch und selbstbestimmt lebt, kann jeden Hund führen und jede Lebenssituation meistern. Nachdem Blockaden, Muster oder seelische Verletzungen bei Menschen angesehen und gelöst wurden, können auch Hunde ausgeglichen werden.

Ein gutes und auf Ruhe, Ausgeglichenheit und Führung abgestimmtes Training (also ein artgerechtes Training) wird hier gut unterstützend helfen. Ein Training darf (meiner Meinung nach) nie Symptom-Behandlung sein und mit Hilfsmitteln von Konflikten ablenken.

Anwendungsbeispiel 1:

Eine Halterin rief mich an, weil sie vor ihrem Hund Angst hat. Ich muss sagen, aus ihrer Sicht nicht unberechtigt. Sie konnte ihm kein Futter abnehmen, ihn nicht bürsten und baden, draußen zog er an der Leine, kam und ging wann und wohin er wollte, Besuch wurde angesprungen und er schnappte nach den Händen. Und er zeigte auch noch so einiges mehr an nicht vertretbaren Verhaltensweisen.

Nun, ich fuhr also hin, schaute mir das Verhalten des Hundes an und die Reaktion des Halters. Ich nahm nur völlige Hilflosigkeit wahr. Also fragte ich nach, wo der wahre Grund dafür lag. Daraufhin weinte die Besitzerin und erzählte mir, ihr Sohn habe seit vielen Jahren ein

Suchtproblem. Sie gab ihm bis zur Selbstaufgabe immer wieder Geld. Die ganze Verwandtschaft predigte und predigte. Therapien und Kuren halfen nichts – für beide nicht, seit über 10 Jahren. Der Sohn war abhängig, die Mutter co-abhängig. Also, welchen Sinn machte ein Training mit einem Hund, der Beißen schon gelernt hatte? Dem Sohn konnte sie keinen Einhalt gebieten, wie sollte sie dies nun mit dem Hund schaffen? Ich half ihr also, zuerst einmal Klarheit für sich zu schaffen und die Angst aufzulösen. Also machte ich eine einzige Matrix-Anwendung und zeigte ihr einige Dinge, um den Hund besser führen zu können. Zwei Tage später rief sie an und erzählte, sie habe ihrem Sohn kein Geld mehr gegeben und hätte auch kein Problem mehr damit. Mit dem Hund liefe es bis hierhin gut. Also kam sie zu einer ausführlichen Matrix-Anwendung. Das brachte richtig Wind in die Sache. Sie fühlte sich stark und frei. Konnte wieder schlafen und blieb in schwierigen Situationen ruhig. Also konnten wir mit dem Hund einige Schritte weiter gehen. Nach circa vier Wochen war ihre Co-Abhängigkeit Geschichte, der Hund änderte viele Verhaltensweisen und ließ sich mit einem Blick kontrollieren. Leinenführung war kein Problem mehr. Der nächste Schritt war dann, zu sehen, warum sie überhaupt abhängig geworden ist. Was trägt sie für Muster in sich? Daran arbeitet sie nun in Form von Familienaufstellungen weiter. Sie hat im Nachhinein gesagt, kein Trainer hätte ihr helfen können. Nur mit dem typischen Training alleine hat man in einer solchen Situation keine Chance. Sie hatte ja einige Fachleute um Hilfe gebeten, und wie sie deren Arbeit beschrieb, waren es teilweise richtig gute Trainer. Da aber niemand nach den Ursachen fragte und ihr Lösungen anbieten konnte, konnte sie die Maßnahmen nicht umsetzen. Sie gab an, hätte sie mich ein Jahr früher getroffen, wäre sie nicht so weit gewesen, sich mit sich selbst auseinander zu setzen. Auch hier hat der Hund geholfen, Dinge aufzudecken.

Die Halterin ist heute überglücklich, das geschafft zu haben. Die meisten Alltagsprobleme mit dem Hund sind gelöst, so z.B. Leinenführung, Verhalten gegenüber anderen Hunden, Verhalten bei Besuchern zu Hause. Dem Hund wichtige Ressourcen kann sie heute für sich beanspruchen. Und sie ist heute ihrem Hund sehr, sehr dankbar und die beiden haben eine wunderbare Partnerschaft, in der mit Konflikten (heute überschaubar) aktiv umgegangen wird. Sie beschreibt, sie sei immer noch auf einem bewussten Weg der Veränderung.

Anwendungsbeispiel 2:

Eine Halterin gab beim ersten Telefonat an, sie habe zwei Hunde, einen kleinen und einen Hund einer großen Rasse, und beide seien nicht mehr zu kontrollieren. Am Telefon sprachen wir lange über den Seelenspiegel und sie erzählte einiges aus ihrem Leben. Sie war offen.

Okay, ich fuhr hin und schaute mir alles an. Der große Hund wurde als größtes Problem angegeben. Ich stellte erst einmal fest, dass die Halter sich hierin geirrt hatten, denn der kleine Hund war das größere Problem. Sie nahmen das so nicht wahr, weil er den ganzen Tag an einem Spielzeug nuckelte. Die Frontzähne wiesen starke Abrasionen (Abtragungen) auf. Stereotypes Verhalten ist sehr, sehr schwer zu behandeln. Ohne Spielzeug bellte er Staub an und drehte sich zu Hause und an der Leine dauernd im Kreis. Wollte man ihn dort rausholen, musste man gut aufpassen, um seine Zähne nicht im Arm zu haben. Wie er sich ohne Nuckeln verhielt, blendete man aus.

Beide Hunde aber standen im Drohverhalten vor Besuchern, wenn diese eine falsche Bewegung machten. Der große Hund hat eine besondere Seelenbeziehung zur Frau und ich vermute, dass er traumatisiert ist.

Der kleine Hund brauchte sofort Hilfe. Ich wendete bei der Halterin und bei dem kleinen Hund Quantenheilung an und ich fand heraus, woher die massiven Ängste und hilflosen sowie depressiven Verhaltensweisen der Halterin kamen. Ich half ihr, die Ängste in Hoffnung zu wandeln, Depressionen als Hilfe anzuerkennen, Instabilität in Stabilität zu verändern, Trauerarbeit zu leisten – diese Trauer bezog sich auf frühere Hunde, die nach Beißattacken eingeschläfert werden mussten. Sie fühlte bei der Anwendung, dass Loslassen Veränderung bewirkt.

Dann besprachen wir einiges zum Training für die Hunde und machten einen Spaziergang. Hier konnte ich einige hilfreiche Tipps geben, die gut funktionierten.

Am nächsten Tag meldete sie sich und berichtete, die Hunde laufen nicht mehr an den Zaun, wenn andere Hunde vorbei kamen. Zu Hause war totale Ruhe eingekehrt. Bekannte wunderten sich, dass Telefonate ohne

»AUS!« oder »LASS DAS!« und ständiges Bellen im Hintergrund möglich waren. Der kleine Hund lag sehr oft gelassen auf der Couch ohne sein Spielzeug. Ich war völlig sprachlos. Vor der Behandlung war er schon vor lauter Stress sehr abgemagert; er nahm kurze Zeit nach der Anwendung einige Kilos zu ohne Ernährungsumstellung, mehr Futter bekam er auch nicht. Das Ehepaar fing auch an, miteinander zu reden, anstatt sich mit Vorwürfen zu belasten.

Auch hier erkannte die Familie, warum das typische Training null Sinn gemacht hat. Seitdem arbeiten sie weiter daran, Führung zu übernehmen. Alle sind wie ausgewechselt und auf einem guten Weg. Der Anfang ist gemacht. Hier heißt es nur: Dran bleiben.

Anwendungsbeispiel 3:

Eine Halterin rief mich an, sie habe Angst, ihre Hunde weggeben zu müssen, weil ein Nachbar im Haus alle aufwiegelt. Er erzählte, ihre Hunde würden bellen, wenn sie alleine sind. Am Telefon stellte sich heraus, sie war offen für außergewöhnliche Maßnahmen. Als ich dort ankam, waren die Mutter, die Schwester und vier Kinder sowie beide Hunde dort. Es herrschte völliges Chaos. Jeder fingerte an den Hunden herum, alles lief durcheinander. Die Hunde waren seit einiger Zeit bei der Schwester untergebracht, wenn die Halterin arbeiten musste. Ich fand heraus, dass weder die Mutter noch die Schwester bereit waren umzudenken. Also ging ich mit der Halterin in einen anderen Raum. Ich machte ihr klar, dass sie Verantwortung übernehmen musste, wenn sich etwas ändern sollte. Ein Therapeut hatte ihr Antidepressiva verschrieben. Das linderte zwar die Symptome, doch ansonsten half es nicht viel: Sie schaffte ihren Tagesablauf gerade so.

Die Familiensituation stellte sich äußerst schwierig dar: Depressionen, Trauer, Traumata und vieles mehr. Dann war da noch der Nachbar, der die Halterin unter Druck setzte wegen der bellenden Hunde. Sie war bereit, neue Wege zu gehen. Wir sorgten also dafür, dass für die nächsten drei Stunden niemand mehr stören konnte. Mit einer Matrix-Anwendung half ich ihr bei einer Trauerarbeit, entschärfte die schlimmsten Ängste und öffnete ihre Wahrnehmung für viele Veränderungen. Ich baute eine kleine Aufstellung mit ein, um die Situation mit dem Nachbarn zu klären. Es stellte sich heraus, dass der Nachbar nur anerkannt werden wollte. Ihn störte das Bellen der Hunde nicht so sehr; damit war es möglich, auf ihn zuzugehen.

Zwei Tage später meldete sie sich und gab an, sie wäre zu dem Nachbarn gegangen und hätte mit ihm alles geklärt. Dies war vor der Aufstellung undenkbar, weil sie voller Hass und Angst war. Der Nachbar versprach ihr nun, einfach nur Bescheid zu sagen, ob die Hunde gebellt hätten, während sie weg war; er fand es toll, dass sie Training machte und wollte helfen. Damit war ein Training für die Hunde erst möglich.

Die Hunde bellten aber seltsamerweise kaum noch, das konnten wir durch diverse Veränderungen bewirken. Für das restliche Training (z.B. Leinenführung und Sozialverhalten der Hunde und viele andere Dinge) hatte sie nun genug Kraft und Zuversicht; wir waren auf der Trainingsebene angekommen. Die Probleme, die bei ihr jahrelange Depressionen ausgelöst hatten, geht sie inzwischen Stück für Stück über die Familienaufstellung an, um ihrem Kind und auch den Hunden damit zu helfen. Heute sieht sie in Problemen auch immer die Herausforderung, hat kaum noch Ängste und kann ihr Leben wieder in die Hand nehmen. Sie hat inzwischen mit Absprache des Therapeuten die Dosis der Medikamente um die Hälfte reduzieren können. Sie gibt an, die Arbeit mit Eva-Maria Wunderlich hat ihr dabei entscheidend geholfen.

Anwendungsbeispiel 4:

Eine Halterin hatte das Problem, dass ihr junger Hund massiven Stress hatte, wenn sie nur den Raum verlassen wollte. Er verfolgte sie auf Schritt und Tritt. Draußen klebte er an ihr, hatte aber trotzdem Stress, was sich durch Hecheln und Zittern zeigte. Wir arbeiteten daran, ihn mit sanften aber klaren Ansagen im Ansatz zu unterbrechen. Das Verfolgen hörte auf, sein Stress wurde weniger, aber war nicht weg. Ich empfahl der Halterin, bei der Tieraufstellerin Eva-Maria Wunderlich einen Termin zu machen.

Bei der Zusammenkunft war ich wie meist als Beobachter mit anwesend. Meine Klientin stellte ihren Hund und sich auf. Frau Wunderlich empfand sofort Verlustangst auf dem Platz des Hundes, und das war bezogen auf die Halterin. Ihr kam der Impuls, es musste mit dem Tod zu tun haben. Sie versuchte also herauszu- finden, was der Hund für Probleme hatte. Sie frage z.B. nach, ob es im Wurf eine Totgeburt gab. Und so war es auch; ein Welpe war im Mutterleib der Hündin verstor- ben, das konnte dann auch die Halterin bestätigen. Nun, jedem ist klar, dass ein toter Fötus für einen Hund selt- sam riechen muss. Das Gefühl im Mutterleib hatte sich verändert; der Tod war eingezogen. Der Rüde hat also den Geruch mit etwas Unheimlichem verbunden.

Die Halterin ist Mitarbeiterin in einem Seniorenheim. Sie arbeitet dort als Krankenschwester; dabei hat sie öf- ter mit Verstorbenen zu tun. Der Rüde nahm diesen für ihn unheimlichen Geruch wahr und hatte Angst, sie könnte auch bald sterben. Also wurden ihm in der Auf- stellung die Zusammenhänge ›erklärt‹, was sofort dazu führte, dass er sich entspannte. Als sie nach Hause kam, war er ganz locker und seitdem klebt er nicht mehr an ihr und verhält sich völlig normal.

Viele stehen diesem Ansatz natürlich skeptisch gegen- über, wofür ich Verständnis habe, klingt das alles doch sehr wunderlich. Aber Fakt ist, dass der Hund sein Ver- halten sofort ablegte. Denken Sie vielleicht auch einmal daran: Therapiehunde können auch riechen, dass ein Mensch bald stirbt. Und es gibt Berichte über ein Alten- heim, in dem ein Hund sich auf die Betten der Senioren legt, wenn diese bald sterben.

Anwendungsbeispiel 5:

Eine Halterin mit zwei Hunden war eine ganze Weile bei mir im Training. Die Hunde waren nicht wirklich ein Problem. Unsicherheiten, Leinenführung, Auffälligkeiten an der Tür, wenn Besuch kam ... ansonsten hielten wir es mit Spaß und Sport. Wir haben tatsächlich alles mit einer ordentlichen Portion Spaß hinbekommen und wir hatten viel privaten Kontakt; wir verstanden uns super gut. Nur wenn ihr Mann dabei war, endete alles im Chaos. Die Hunde wurden auffällig, extrem hibbelig, nicht mehr zu kontrollieren. Ich hatte keine andere Wahl, als den Mann vom Training auszuschließen. Die Halterin nahm es ohne Worte hin, was mich etwas wunderte, aber sie war recht verschlossen in dem Punkt. Ich beließ es dabei, ich fühlte, sie brauchte Zeit.

Während einer Trainingseinheit sagte sie, sie habe Rückenprobleme und würde eine Pause brauchen. Okay, kein Problem, dachte ich noch. Und so ließen wir das Training einige Zeit ausfallen. Ich machte mir keine weiteren Gedanken darüber, bis mich jemand darauf aufmerksam machte, dass sie wieder bei einer Kollegin gelandet war, über die sie vorher nur Schlechtes zu berichten hatte. Ich verstand die Welt nicht mehr. Ich war damals zu stolz und zu enttäuscht, um nachzufragen. Was war nur schief gelaufen?

Nun, ein Jahr später kam eine lange Mail von ihr. Im Betreff stand: ›ein leises Hallo‹. Ich war sprachlos und las ihre Nachricht. Sie und ihr Mann hatten sich getrennt, das Haus wurde verkauft, der Rüde war bei ihm geblieben und die Hündin bei ihr. Sie hatte ihren langjährigen Job verloren, und auch sonst hatten sich noch einige andere Katastrophen ereignet. Nun erklärte sie ihr Verhalten. Sie konnte sich damals nicht auseinander setzen. Aber genau das forderte ich ja immer wieder ein, und das sei auch gut so, schrieb sie in der Mail. Genau das sei das Besondere an meiner Schule, ganzheitlich und fair den Hunden gegenüber. Puh, ich war echt sprachlos. Sie landete bei der alten Trainerin, weil dort nur mit den Hunden gearbeitet wurde und für sie zu diesem Zeitpunkt nichts anderes möglich war. Ich gehe hier nicht auf ›Trainingsmethoden‹ ein, aber sie schäme sich inzwischen, das so gemacht zu haben, aber sie wollte eben auch etwas mit den Hunden tun. Ihr Mann sei immer gegen mich gewesen, er hatte wohl geahnt, dass sie sich bei meinem Training weiter entwickelte, und er wollte das eben nicht. Sie erzählte später auch, dass ihr Mann, bevor ich sie kannte, auch nicht mehr zur Junghundegruppe einer anderen Schule kommen durfte, auch dort drehten die Hunde in seiner Anwesenheit ab. Ich war ihr sehr dankbar für die Rückmeldung und ihre mutige Offenheit. Also kam sie zu uns zurück. Ihre Hündin war immer noch hibbelig, die Halterin wünschte sich mehr Ausgeglichenheit für sich und den Hund. Sie machte einen Termin bei Eva-Maria Wunderlich, um sich auch als Mensch weiter entwickeln zu können. Bei ihrer ersten Ausstellung kam heraus, dass sie den Rüden nicht loslassen konnte. Ihr ganzes Inneres litt, weil der Mann den Hund nicht so behandelte wie sie es sich vorstellte (das war vor der Trennung auch so). Heute bellt der Hund jeden anderen Hund an, zu Zeiten des Trainings bei uns ging er völlig neutral vorbei. Die Halterin konnte dann aber auf seelischer Ebene loslassen und schon war die Hündin wie ausgewechselt. Unglaublich, jedem fiel auf, wie sehr die Hündin sich verändert hatte, die Halterin wurde sogar gefragt, ob sie den Hund ausgetauscht hätte.

Ich brauche wohl nicht zu erwähnen, dass es ihr als Mensch damit auch um ein Vielfaches besser ging. Die Matrix-Anwendungen helfen ihr weiterhin, ihren Weg zu finden. Ihre Höhenangst z.B. ist nach einer Anwendung völlig weg.

Diese Geschichte ist ein gutes Beispiel, an dem auch ich noch mal deutlich sehen kann: Helfen in Form von Entwicklung ist nur möglich, wenn der Mensch so weit ist. Manchmal ist zu einem bestimmten Zeitpunkt nicht mehr möglich, als Impulse zu setzen, die im günstigsten Fall Jahre später zu Erkenntnissen führen. Manchmal erst dann, wenn die persönlichen Umstände nicht mehr lebenswert sind und derjenige Entscheidungen treffen kann oder muss.

Anwendungsbeispiel 6:

Hier ein traurig tragischer Fall, der auf seine Art wunderschön ausgegangen ist.

Eine Halterin hatte eine ›Rote‹ Hündin. Sie konnte in dem Verein, in dem sie vorher war, kein Training mehr machen, weil die Hündin nur noch ausrastete, das Erregungsniveau der anderen Hunde war für sie zu hoch. Die Hündin verletzte den zweiten Hund im Haushalt nicht unerheblich, weil der für sie zu aufgeregt war. Der zweite Hund aber war nicht auffällig, nur eben nicht super ruhig und devot. Also kam die Halterin zu uns und wir erarbeiteten eine gute Basis für ihren ›Problemhund‹. Die Art der Halterin und des Halters, mit dem Leben umzugehen, spiegelte der Hund. Die Halterin machte bei Problemen dicht, fand keine Lösung, der Halter flippte gerne mal aus, wenn er eine Situation nicht ›im Griff‹ hatte. Eine Zeit lang lernte die Hündin durch das Training in unserer Schule, mehr und mehr zu ertragen, sie ›kippte‹ kaum noch in den ›roten‹ Bereich, und selbst wenn, beruhigte sie sich recht schnell. Dann wurde der Hund aber doch wieder auffälliger und ich versuchte herauszufinden, was wirklich los ist. Die Halterin gestand mir unter Tränen, dass die Probleme im privaten Bereich sie belasteten. Sie mache sich viele Vorwürfe und hatte selbst Probleme auf der Arbeit und sei gesundheitlich angeschlagen. Daraufhin machte auch sie eine Aufstellung bezogen auf ihre eigene Person. Ich war wie meist als Beobachter oder Helfer dabei. Die Dynamiken, die zu dem Verhalten bei ihr führten, deckten sich auf. Bei der Aufstellung wurden die Muster offengelegt und konnten aufgelöst werden. Es fiel ihr ein Stein vom Herzen. Einige Tage später hat eine Bekannte bei einem Kaffee erzählt, was genau sich in der Vergangenheit ereignet hatte, und es stellte sich so dar, wie es in der Aufstellung aufgedeckt worden war. Niemand wusste vorher etwas Genaueres, weder ich, Eva-Maria Wunderlich noch sie selbst. Sie war sehr glücklich, dass sie diese Dinge endlich verstanden hatte, sie klären und auch mit ihrer Bekannten über all das sprechen konnte. Sie stabilisierte sich gesundheitlich, traf wichtige Entscheidungen, fand einen Job, der ihr viel Spaß macht. Der Halter zog sich, was die Erziehung der Hunde betraf, zurück, was in diesem Fall sehr hilfreich war. Die Hündin wurde um ein vielfaches gelassener und besser steuerbar. Leider ist sie einige Wochen später plötzlich an Nierenversagen gestorben. Die Halterin aber ist ihr sehr, sehr dankbar, dass sie ihr auf diesen Weg geholfen hat. Durch ihre Auffälligkeiten ist das alles erst entstanden. Sie sagte selbst, dass sie sonst vielleicht noch Jahre für diese entscheidende Entwicklung gebraucht hätte. Als die ›Aufgabe‹ der Hündin erledigt war, ist sie in Frieden gegangen.

So traurig es auch ist, aber es ist auch wunderschön, dass Menschen diese Dynamiken so empfinden können. Sie hat den Hund in Dankbarkeit gehen lassen. Sie hat mir einen langen Brief geschrieben, nachdem sie den Tod der Hündin verarbeitet hatte und mir sehr gedankt, sie bei diesen Erfahrungen begleitet zu haben. Ich bin auch ihr unendlich dankbar für ihr Vertrauen und ihre Offenheit. Diese Erfahrungen sind es, die einige beim Lesen dieses Buches motivieren werden, hinter die Fassade zu sehen. Das wünsche ich mir für die, die etwas andere Lösungen suchen und bereit sind, sich für einen anderen Blickwinkel zu öffnen, um die Welt vielleicht anders zu sehen. Wenn unsere Hunde dazu beitragen, sollten wir das dankbar annehmen. Auch wenn es schwierig ist, es wird tausendfach mit erhöhter Lebensqualität belohnt; für den Menschen und sein Umfeld.

Anwendungsbeispiel 7:

Eine Familie bat wegen ihres 12 Wochen alten Welpen um Hilfe. Der Hund ließ die Kinder nicht in Ruhe, stand nur in der Leine, war noch nicht sauber. Ich fuhr hin und stellte zuerst fest, dass auf den Hund bezogen überhaupt keine Struktur herrschte. Der Hund bekam keine Grenzen, durfte auf dem Weg zum Feld ohne Leine laufen und lernte fleißig, alles zu begrüßen und mit Aufregung zu verbinden. Auf der sogenannten Trainingsebene war es leicht, vor allem durch die gute Mitarbeit der Familie, alle Probleme zu lösen. Die Familie erwarb in Gruppenstunden und Seminaren viel Wissen über das Wesen und das Verhalten ihres Hundes und behandelte ihn Stück für Stück artgerecht. Was aber auffällig blieb, war die innere Unruhe der Hündin, vor allem an der Leine. In einer Gruppenstunde übernahm ich das Führen des Hundes. Ich hielt sie an ganz lockerer Leine und leitete sie durch jede Situation. Der Hund verhielt sich ruhig. Aber keine meiner Erklärungen in Richtung der Halter kam an. Dann hatte ich die Idee, eine andere Teilnehmerin den Hund führen zu lassen. Das gleiche Ergebnis; die Hündin war auch hier völlig gelassen. Die Halterin bat um ein persönliches Gespräch bei ihr zu Hause. Sie gab an, sie hätte es für selbstverständlich gefunden, dass ich das als Trainer kann, aber als sie gesehen hat, dass bei einer anderen Teilnehmerin der Hund auch ruhig blieb, hat sie endlich annehmen können, dass sie selbst etwas damit zu tun hat. Sie erzählte mir dann unter Tränen, dass sie ihren Vater auf dem Sterbebett versprochen hat, ihn anonym zu beerdigen. Das hat sie auch gemacht. Die Geschwister machten ihr Vorwürfe, jeder auf seine Art.

Der eine war eifersüchtig, der andere sauer. Das belastete sie so stark, dass sie viel weinen musste und sich die Bilder des Vaters nicht mehr ansehen konnte. Sie hatte immer das Gefühl, etwas falsch gemacht zu haben, obwohl sie nur das Versprechen eingelöst hatte. Also machte sie auf mein Anraten hin eine Aufstellung, obwohl sie sehr skeptisch war. Es war das mit Abstand Emotionalste, was ich bisher erlebt habe und ich danke der Halterin unendlich für das Vertrauen und die Erfahrung, die ich machen durfte. Eva-Maria Wunderlich legte ein Symbol für den verstorbenen Vater in die Mitte. Die Beerdigung wurde nachgestellt und alle konnten über die Stellvertretung zu Wort kommen, sich verabschieden, miteinander sprechen und viele Dinge klären. Auch der verstorbene Vater. Er (seine Seele, Energie) konnte auf diesem energetischen Weg mitteilen, dass es nicht seine Absicht war, so viele Menschen unglücklich zu machen und entschuldigte sich.

Ich hörte danach länger nichts von der Halterin, sie war auch nicht mehr zu erreichen. Ich machte mir ernsthafte Sorgen. Nach drei Monaten rief sie mich an. Die Halterin war unendlich dankbar, sie empfand die Aufstellung als ihr persönliches Wunder. Es ging ihr wieder gut, so gut dass sie die Bilder von ihrem Vater wieder ansehen konnte und auch nicht mehr weinen musste. Es entstand eine ruhige Gelassenheit. Und der Hund war ab diesem Zeitpunkt wie ausgewechselt.

Also ich muss sagen, dass sie diesen Hund, der ja in der Pubertät war, bei so schwierigen Ausgangsbedingungen inzwischen so super gut führen kann und er

dadurch ausgeglichen ist, ist schon eine tolle Leistung.
Davor ziehe ich meinen Hut! Der Hund macht der Familie nun viel Freude und geht völlig gelassen an der Leine,
ist super gut zu steuern. Ich kann nur sagen, ob man es
glaubt oder nicht, das ist wieder ein Beweis für mich,
dass so manches auf der Trainingsebene nicht lösbar ist.
Die Halterin hat ganz klar angegeben, selbst mit einem
so effektiven Training wie bei uns wäre diese Änderung
nicht ohne eine Aufstellung möglich gewesen. Hier geht
es Mensch und Hund wieder gut, und das ist den Versuch, ungewöhnliche Wege zu gehen, auf jeden Fall
wert.

Anwendungsbeispiel 8:

Eine Hundehalterin und ihr Partner meldeten sich bei
mir, weil ihr Hund mit inzwischen circa neun Monaten
im Hundeverein nicht mehr zu beruhigen war. Sie gingen seit dem fünften Monat regelmäßig dorthin. Der
Hund stand nur noch in der Leine, im Freilauf hütete er
alles und so langsam war für jeden sichtbar, dass es gefährlich wurde. Beim ersten Telefonat stellte sich dann
die ganze Bandbreite heraus. Der Hund wollte eine Woche vorher in eine laufende Heckenschere beißen. Der
Halter konnte es gerade noch verhindern. Laubsauger
waren auch Feindbild des Hundes. Der Hund war in bestimmten Situationen im sog. ›roten Bereich‹. Dass hier
nicht wirklich von Leinenführigkeit gesprochen werden
konnte, dürfte klar sein. Auf dem ganz normalen Trainingsweg waren Laubsauger, Heckenschere, Besen und

Staubsauger nach dem ersten Termin erledigt. Am nächsten Tag musste die Halterin an Mitarbeitern der Stadtverwaltung vorbei gehen, die Laub zusammen saugten; der Hund reagierte völlig neutral und gelassen. Daran hat sich auch bis heute nichts geändert. Alles andere entwickelte sich im Training Stück für Stück in die richtige Richtung. Nur, es blieb eine auffällige Unsicherheit der Halterin. Nach einer Gruppenstunde sprach ich die Halterin nochmals an und fragte, womit das zu tun haben könnte. Endlich erzählte sie und sagte, sie hätte massive Probleme mit ihrer Arbeitsstelle. Und das nicht zum ersten Mal. Immer passierten dort seltsame Dinge und führten mehrmals schon zur Kündigung. Sie musste sich schon oft neue Arbeit suchen. Sie gab an, dass ihr Großvater, der ihr immer schon viel bedeutete, einen schweren Arbeitsunfall gehabt hatte. Also machte sie eine Aufstellung zum Thema ›Arbeit‹. Es stellten sich Einzelheiten dieses Unfalles heraus (die der Vater später genau so bestätigen konnte) und sie verstand Zusammenhänge. Die Energien konnten von Verzweiflung und Hass in Vergebung verändert werden. Direkt am ersten Arbeitstag nach der Aufstellung veränderte sich einiges. Die Kollegen konnten es kaum glauben, dass von einem auf den anderen Tag Geschäftsstellenbesetzungen und Arbeitsbereiche ohne Gespräche von jetzt auf gleich geändert wurden, zum Vorteil der Halterin. Vier Wochen nach dieser Aufstellung bekam sie unaufgefordert eine Lohnerhöhung. Von der Aufstellung wusste im Büro niemand etwas. Sie konnte sich entspannen und arbeitete gelassen und zielgerichtet mit. Alle merkten sofort die

Veränderungen. Auch der Hund entspannte sich mehr und mehr. Über einige Matrix-Anwendungen lösten sich Phobien völlig auf, die sie und ihren Alltag über viele Jahre belastet hatten, ihre Wahrnehmung veränderte sich. Es entwickelte sich eine klare, offene Halterin, die ihr Leben heute bewusst in die Hand nimmt.

Mit dem Hund hat sie inzwischen Spaß und alles entwickelt sich offen und bewusst. Sie gibt an, ohne diese Unterstützung hätte sie diesen Weg so nicht gefunden. Sie wäre im Burn-out gelandet und mit dem Hund hätten sie nicht mehr weiter gewusst.

Anwendungsbeispiel 9:

Eine Halterin meldete sich und gab an, ihr pubertierender Hund liefe seit Wochen einfach immer weg, ohne erkennbaren Anlass. Ich stellte schnell fest, dass alle Trainingsmaßnahmen nicht funktionieren konnten, da der Hund nicht einfach ›nur‹ weglief, sondern er schien auf etwas aufmerksam machen zu wollen; er fungierte als eine Form des Seelenspiegels. Schleppleinentraining war keine Alternative, weil der Hund gnadenlos alles umrannte und mit nichts mehr zu erreichen war. Er wollte nur weg. Die Halterin erzählte mir, ihre Tochter sei ausgezogen; vorher gab es über Jahre viele Konflikte. Ich riet dazu, eine Aufstellung zu machen. Bei der Aufstellung entwickelte sich Folgendes: (Vereinfacht dargestellt; die Personen und der Hund sind alle in Form von Stellvertretern, in dem Fall Gegenstände, anwesend. Die Halterin ließ erst einmal alles auf sich wirken.) Der Hund wollte sich immer zwischen sie und den Vater der Tochter drängen; er war total unruhig. Die Tochter selbst versteckte sich hinter der Mutter. Der Vater gab zu, er könne die Tochter nicht annehmen so wie sie ist, und die Mutter sei schuld an der Entwicklung. Die Halterin meinte, sie hätte nie gedacht, dass der Vater eine Rolle spielt beim Verhalten des Hundes, sie lebe seit Jahren nicht mehr mit ihm zusammen. Aber sie gab an, der Vater habe seine Tochter tatsächlich immer abgelehnt und er hätte ihr die Schuld an der Entwicklung der Tochter gegeben. Also wurde hier eine Kommunikation zwischen Mutter, Tochter und Vater aufgebaut. Die Ursachen deckten sich auf. Der Hund zog sich ab diesem Zeitpunkt der Aufstellung zurück.

Ab dem Tag benahm sich der Hund völlig normal. Ich zeigte ihr noch gute Maßnahmen gegen das ›Weglaufen‹. Das Schleppleinentraining lief ab dann gut, denn eine Lernerfahrung war für den Hund ja entstanden und musste wieder zurück gearbeitet werden. Eine Woche später konnte der Hund wieder frei laufen und blieb mit kleinen Maßnahmen zuverlässig beim Rudel. Der Tochter geht es seitdem auch erstaunlich gut, obwohl mit ihr über die Aufstellung nicht gesprochen wurde. Auch der Halterin ist ein Stein vom Herzen gefallen.

Im Folgenden noch ein wenig genauer beschriebene Beispiele:

Geschrieben von Eva-Maria Wunderlich.

Es handelt sich auch hier um Einzelaufstellungen, in denen die Themen mit Hilfe von Gegenständen als Stellvertreter dargestellt werden. Der seelische Kontakt entsteht, wenn ich mich z.B. auf/neben die Gegenstände stellte. Dadurch kann auch ich die Gefühle oder Beweggründe der Seelen oder Themen wahrnehmen. Die Hunde sind auch hier körperlich nicht anwesend.

Aufstellungsbeispiel 1:

Eine Kundin hat sich einen Hund angeschafft, damit sie sich regelmäßig bewegt. Er lässt sich inzwischen, dank dem Training bei Silvia, gut führen. Aber sobald Familienfeiern anstehen oder Freunde mit kleinen Kindern kommen, ist er nicht mehr kontrollierbar. Selbst in der Box gebärdet er sich wie toll.

Die Kundin hat zwei erwachsene Kinder, die bereits selbst Familien gegründet haben.

Wir machen eine Symptom-Aufstellung:

- die Kundin
- der Hund
- sein Verhalten in Besuchssituationen
- der Grund dafür

Der Hund versteckt sich hinter seinem Verhalten. Er hat Angst vor dem Grund.

Die Stellvertretung für den Grund fühlt sich sehr, sehr klein an. Wie ein Baby.

Die Kundin sieht den Grund an und fängt an zu weinen. Sie berichtet davon, einmal ein Kind verloren zu haben. Eine Tochter. Anna. Sie mochte nie an sie zurückdenken, weil sie dann jedes Mal Angst bekam, vor Schmerz sterben zu wollen.

Der Grund, der jetzt in Anna umbenannt wird, wendet sich dem Hund zu. Sie sagt ihm, dass er keine Angst vor ihr haben müsse. Sie möchte noch immer sehr nah bei der Kundin (ihrer Mama) sein, auch wenn sie schon lange tot ist, und das hat er wohl gespürt. Sie heißt den Hund warm in der Familie willkommen. Der Hund nähert sich der Tochter und möchte mit ihr spielen. Anna sagt ihm, dass sie ab jetzt immer bei ihm ist, wenn Besuch mit Kindern kommt. Die Kundin kann ihre Tochter nun mit ganzer Liebe in ihr Herz schließen und ist sehr erleichtert.

Nach meinen Informationen hat sich der Hund zu einem echten Familienhund entwickelt. Er beweist beim Umgang mit den Enkelkindern der Kundin ein seelenruhiges Verhalten und musste seit der Aufstellung nicht einmal mehr in die Box.

Aufstellungsbeispiel 2:

Ein Kunde berichtet, seit einiger Zeit habe sich sein Hund sehr verändert. Aus dem sanften, aufmerksamen Tier sei ein ängstlicher Beißer geworden. Er könne sich dies nicht erklären.

Wir stellen den Hund, den Grund für sein Verhalten und sein Herrchen auf. Der Hund fühlt sich sehr ängstlich und verzweifelt. Er möchte Herrchen beschützen, aber nun hat er Angst und fühlt sich wie ein Versager. Es fühlt sich so an, als habe er seinen Lebenszweck verloren.

Wenn der Hund den Grund anschaut, zuckt er jedes Mal zusammen und möchte weglaufen. Außerdem spüre ich auf dem Stellvertretungsplatz des Hundes Angst vor einem lauten Geräusch.

Der Kunde berichtet, nach einigem Nachdenken darüber, beim Rasenmähen Reste von Knallerbsen gefunden zu haben.

In der Aufstellung stellt sich der Kunde nun schützend vor den Hund und erklärt dem Grund (›Attentäter‹), welche Konsequenzen ihm im Falle von Tierquälereien drohen. Der Grund zieht sich zurück. Seinem Hund erklärt er, dass es Dinge gibt, die nur die Menschen klären können und dass er zufrieden mit ihm sei. Er sei ein wirklich guter Hund.

Der Hund hat immer noch Angst, aber will seinem Herrchen wieder vertrauen. Wir beklopfen Meridianpunkte wegen der Angst und geben dem Hund Bachblüten. Das löst eine starke Entspannung bei ihm aus.

Im Nachhinein hörte ich, dass dieser Kunde beim Nachbarn vorgesprochen hat. Dabei stellte sich heraus, dass der Sohn mit Knallerbsen nach dem Hund geworfen hatte, sobald dieser unbeaufsichtigt im Garten lief.

Der Hund entspannte sich und konnte rehabilitiert werden.

Aufstellungsbeispiel 3:

Eine Kundin kommt, weil der neue Hund macht, was er will. Er ist nicht kontrollierbar. Beim Training gibt es zwar immer wieder Erfolgserlebnisse, aber es hält nicht lange an. Der Partner von ihr geht seit ein paar Wochen alleine aus. Sie fühlt sich oft verloren, verlassen und überfordert.

Bei meinen Nachfragen erzählt sie mir von ihrer Kindheit. Die Mutter ist gestorben, als sie sechs Jahre alt war. Bei dem Vater ist sie so früh wie möglich ausgezogen, weil sie mit den ständig wechselnden neuen Partnerinnen nicht klar kam.

Bei der darauffolgenden Aufstellung zeigt sich folgendes Bild: Der Hund steht direkt hinter der Kundin und ihr Partner direkt hinter dem Hund. Wie an einer Perlenschnur aufgereiht. Die Kundin fühlt sich zwar nicht gut, hat aber Angst, dass wortwörtlich »jemand aus der Reihe tanzen« könnte.

Der Partner kriegt in dieser Situation kaum Luft und will nur noch weg.

Der Hund krallt sich angestrengt an die Kundin und versucht, ›ein guter Hund‹ zu sein.

Wir bitten sowohl den Partner als auch den Hund, ein paar Schritte zur Seite zu treten, damit das, was eigentlich hinter der Kundin stehen sollte, Platz bekommt. Nach kurzer Zeit wird klar, es ist die verstorbene Mutter. Die Kundin kann ihrer Trauer über den Verlust endlich Raum geben und sich wieder halten lassen. Die Mutter gibt ihr nun viel Kraft.

Am Schluss steht der Partner rechts neben der Kundin und hat seine ursprüngliche Liebe zu ihr wieder gefunden. Er wirkt sehr glücklich.

Der Hund steht an der linken Seite der Kundin und lauscht entspannt und aufmerksam der Stimme seines Frauchens.

Die Kundin berichtet nach einiger Zeit, dass sich der Hund völlig entspannt habe und sehr gut auf sie höre. In der Partnerschaft ist die Liebe wieder eingezogen.

Erfahrungen mit ›Wellen und Stellen‹ (Matrix und Tier- und Familienaufstellung)

Geschrieben von den Kunden selbst.

Beispiel 1:

Mein Hund war zu Beginn des Trainings draußen sehr aufgeregt und zog ständig an der Leine. Das machte mich noch unruhiger. Silvia erklärte mir u.a., dass sich meine Unruhe auf den Hund übertragen würde, und bot mir bereits nach der ersten Gruppenstunde eine ›Welle‹ an.

Das Thema der Welle sollte dann Ruhe und Konsequenz sein.

Ich erlebte meine erste Welle nur als wunderbar. Spürte zuerst einen etwas festeren Druck in der Mitte meines Rückens (eigentlich genau da, wo ich keine merkbaren Verspannungen hatte), und wurde plötzlich wie an einem Faden langsam aber sicher nach hinten gezogen.

Weil Silvias Mann Thomas hinter mir stand, um mich aufzufangen, konnte ich mich dann einfach fallen lassen. Das war dann so toll, dass mir auf dem Boden sitzend nur lachend dazu einfiel: »Och, können wir das noch einmal machen?«

Ich erlebte eine weitere Welle bzw. durfte mich dann von diesem ›Faden‹ noch einmal nach hinten ziehen lassen, und wurde erneut von Thomas aufgefangen. Ich saß auf dem Boden und musste wieder lachen.

Das war ein echt irres Erlebnis!

Als ich dann zu Hause ankam, hatte ich, so wie sonst, überhaupt keine Lust auf Radio oder Fernsehgucken, Lesen ging auch nicht. Ich saß einfach (mindestens eine Stunde) nur in meinem Bett und dachte einfach darüber nach, was ich in meinem Leben ändern könnte. Fühlte mich auf wundersame Weise sehr ruhig. Und in derselben Nacht traf ich bereits eine berufliche Entscheidung – und das sehr konsequent.

Ich hatte aber letztlich weiterhin immer mit den Themen Unruhe und Inkonsequenz zu kämpfen, sodass mir Silvia dann eine Woche später eine ›Aufstellung‹ anbot.

In dieser Aufstellung ging es nur um meinen Hund und um mich. Es stellte sich recht schnell heraus, dass sich mein Hund sehr klein bzw. unerfahren fühlte, und dass ich gar nicht auf ihn achtete. Zuerst war ich darüber schockiert, weil ich ihn doch toll fand, und sehr lieb hatte. Aber irgendetwas war wohl ›hinter‹ mir, was mich dermaßen irritierte, dass ich mich gar nicht wirklich auf ihn einlassen konnte. Möglicherweise konnte ich auch dadurch nicht zur Ruhe kommen. Am Ende dieser Aufstellung fühlte sich mein Hund größer (erwachsener), und ich war ihm wesentlich zugewandter. Ich war mir aber darüber bewusst, dass ich um die ›Familienaufstellung‹ nicht herum kommen würde, um zu erfahren, was meine eigentliche Unruhe verursachte.

Die Auswirkungen dieser Aufstellung spürte ich erst am Abend des nächsten Tages. Ich merkte plötzlich wie sich mein Herz meinem Hund gegenüber so richtig öffnete. Ich konnte mich nun viel mehr auf sein Wesen und auch seine Probleme einlassen, und bekomme jetzt noch eine Gänsehaut, wenn ich nur daran denke.

Vier Wochen später (im Nachhinein betrachtet muss ich sagen: leider erst!) war dann die Familienaufstellung, in der ich herausfinden wollte, was mich so ›beschäftigte‹.

Ich möchte hier nur von dem Ergebnis des intensiv Erlebten berichten, welches ich mein ganzes Leben lang nicht mehr vergessen werde.

Am Ende dieser Aufstellung fühlte ich mich größer, selbstsicherer und wesentlich ruhiger. Mir wird von vielen immer wieder gesagt, dass ich plötzlich eine ganz andere Ausstrahlung habe.

Diese angenehme Ruhe begleitet mich jetzt schon seit fünf Tagen. In diesen (erst!) fünf Tagen konnte ich dann u.a. Folgendes merken: Ich wurde klarer bzw. wesentlich bestimmter, und konnte somit problemlos schon einige sehr wichtige Angelegenheiten konsequenter erledigen. Ich hatte weniger Ängste und es war mir möglich, andere Angelegenheiten mutiger bzw. enthemmter anzugehen. Ich fühle mich geborgener und versorgter, und bin zuversichtlicher, was meine Zukunft anbelangt. Die Ursache für vieles deckte sich in der Aufstellung auf. Und somit kam einiges in Bewegung.

Mein Wohlbefinden findet auch Widerhall bei meinem Sohn und bei meinem Hund. Beide sind wesentlich entspannter und freundlicher, bewusster. Mein Hund hatte seine Aufgabe innerhalb von neun Wochen vollbracht. Er führte mich nicht nur zu Silvia, sondern schließlich auch zu mir selbst. Es wurde mir ein Weg eröffnet, der mir damit ein nun viel angenehmeres Leben ermöglicht. Und dafür bin ich meinem Hund unendlich dankbar.

Ich weiß auch, es gibt noch Themen, die ich noch ›anschauen‹ sollte, da mich diese einfach noch mehr zu mir selbst bringen werden. Und so freue ich mich bereits jetzt schon auf die nächste Aufstellung.

Beispiel 2:

Ich möchte gerne den Lesern helfen, ein Gefühl zu bekommen, was bei diesen Anwendungen passiert. <u>Bei den Wellen:</u> Es ist ein Glücksgefühl, eine wohlige Wärme. Wenn ich nach hinten falle (was nicht immer so ist), überkommt mich eine Leichtigkeit. Ich bekomme ein Gefühl zu meinem Körper, zu meinem Innersten. Das ist, als wenn ich in einer anderen Welt wäre, sehr angenehm. Ich bekam auch eine Welle auf meinen rechten Ellenbogen, in dem ich schon seit einem halben Jahr Schmerzen hatte. Innerhalb der nächsten sechs Wochen wurden die Schmerzen Stück für Stück besser. Heute ist kein Schmerz mehr vorhanden. Ich hatte schon Jahre das Buch von L. L. Hey (Gesundheit für Körper und Seele) im Schrank stehen. Sivlia gab mir den Tipp, dieses Buch zu lesen. Darin fand ich das Thema ›Probleme mit Ellenbogen‹. Er steht für den Richtungswechsel und das Annehmen neuer Erfahrungen. Mein Körper hat also schon reagiert. Genau darum geht es in meiner jetzigen Lebenssituation. Die Energiearbeit hat nicht nur meinem Hund, sondern auch mir geholfen, die aktuell schwierige Situation mit Kraft und Offenheit zu erleben.

<u>Über die Aufstellungen:</u> Ich habe Einblick in mein Leben erhalten – auf ganz besondere Art. Das zu sehen in der Form hat mir auf seelischer Ebene geholfen, Stück für Stück zu verstehen, welche Blockaden ich habe und welche Entscheidungen wichtig für mich sind. Innerlich bin ich stark geworden, ich schaue positiv in die Zukunft. Auch wenn mein Weg noch eine Weile schwierig sein wird. Mit dieser inneren Stärke fällt mir vieles leichter. Ich habe den Mut zu sagen: »Ich bin so weit, ich packe es an und stecke nicht mehr den Kopf in den Sand.« Jahrelange Therapien haben das nicht bewirken können. Für mich und meinen Hund sind seitdem Spaziergänge völlig entspannt geworden. Ich merke ihn an der Leine nicht mehr, früher hat er gezogen. Im Freilauf habe ich ihn unter Kontrolle, er ist heute sehr an mir orientiert. Das war früher Chaos und ich hatte Ängste. Mir ist heute klar, die Freiheit, die ich mir in meinem Leben nicht nehmen konnte, wollte ich meinem Hund geben, aber das ging auch nicht, weil er weglief. Man kann wahre Freiheit nur geben, wenn man sie selbst in sich hat. Die Grenzen, die ich meinem Mann und meinem Sohn heute setzen kann, wirken sich auf den Hund aus. Heute ist mir klar: Der Hund spiegelt mich, ich kann an ihm lesen, wie weit ich gerade bin. Er darf wieder frei laufen (so wie ich

mich heute freier fühle), weil ich Grenzen setzen kann. Heute weiß ich (ich erkenne es auch bei anderen Haltern), dass das eigene Seelenbild entscheidend ist bei der Haltung von Hunden. Auch ich habe es mit der typischen Technik versucht. So gut oder schlecht wie sie auch war, es hat bei mir wie auch bei anderen, die ich kenne, nie funktioniert. Das Universum hat mich zu der Hundeschule, die Silvia führt, geschickt. Und dabei hat der Hund mir geholfen. Ich bin ihm sehr dankbar.

7. Über mögliche Veränderungen der Menschheit und informative Hintergründe zur Energiearbeit

Hiermit gebe ich Ihnen einige Informationen zu teilweise wissenschaftlichen Erkenntnissen. Wer sich mit dem Resonanzgesetz, oder den neuesten Erkenntnissen der Quantenphysik befasst, der bekommt Licht ins Dunkel. Bekannte Wissenschaftler sind dabei, Energie und Materie neu zu definieren. Die Erkenntnisse über sog. Schwarze Löcher sind auf den Kopf gestellt worden. Vielleicht hilft es Ihnen, sich ein wenig einzulesen in die Hintergründe einiger Themen. Denn all dies wirkt auch direkt oder indirekt auf Ihren Hund und auf Ihre Verbindung zu ihm.

Die Welt steht vor großen Veränderungen. Warum sollten wir dann nicht auch neue Wege in der Hundeerziehung/Haltung gehen können? Es ist wohl inzwischen unumstritten, dass Hunde eine Seele haben und mit uns Menschen Verbindungen eingehen.

In den letzten Jahrzehnten haben sich viele Auffassungen von Wissenschaftlern und Forschern verändert. Querdenker, die bei ihrer inneren Überzeugung geblieben sind und viele Weltanschauungen in Frage gestellt haben. Ich möchte hier keine wissenschaftlichen Abhandlungen schreiben, nur auf eine Entwicklung aufmerksam machen. Wer mehr wissen will, der kann zu diesen Themen viele Bücher, Artikel und Einträge im Internet finden. Im Folgenden habe ich für Sie Ausschnitte aus den interessantesten Beiträgen zusammengestellt, die die Thematik meiner Meinung nach sehr gut anreißen.

>>*Es gibt eine universelle Energie, eine göttliche Kraft, die uns alle erschafft, erhält und miteinander verbindet und in Kooperation mit unseren Gedanken, Worten und Handlungen unsere Lebenserfahrung hervorbringt. Wenn wir lernen, partnerschaftlich mit dieser wohlwollenden Macht zusammen zu arbeiten, werden wir zu Meisterinnen und Meistern unseres Schicksals.*<<

Louise L. Hay, Ist das Leben nicht wunderbar!, in der Einleitung von Cheryl Richardson.

Das Resonanzgesetz

> »Als Gesetz der Anziehung (englisch *law of attraction*), auch Gesetz der Resonanz, wird in der Selbsthilfe- und Lebensberatungsliteratur die Annahme bezeichnet, dass Gleiches Gleiches anzieht. Diese Vorstellung bezieht sich speziell auf das Verhältnis zwischen der Gedanken- und Gefühlswelt einer Person und ihren äußeren Lebensbedingungen. Es wird von einer gesetzmäßigen Analogie zwischen Innen- und Außenwelt ausgegangen. Diese Analogie soll nutzbar gemacht werden, indem man durch eine Änderung der persönlichen Einstellung zu gegebenen äußeren Umständen eine analoge Änderung dieser Umstände im gewünschten Sinne herbeizuführen versucht.«
>
> http://de.wikipedia.org/wiki/Gesetz_der_Anziehung

Energiefelder kommunizieren miteinander

> »Bereits 1991 wurde am ›Institute of HeartMath Research Center‹ eine revolutionäre Entdeckung zur Wechselwirkung zwischen Gehirn und Herz gemacht. Bei Versuchen entdeckten die Forscher, dass das Herz von einem gewaltigen Energiefeld umgeben ist. Die russischen Wissenschaftler Poponin und Gariaev wiesen nach, dass unsere DNA mit der DNA anderer Menschen und der Umwelt kommuniziert. Diese Kommunikation erfolgt außerhalb von Raum und Zeit, in einem so genannten Hyperraum, der wohl im Prinzip dem Quantenfeld entspricht. Wir sind also in stetigem Kontakt mit Menschen und Dingen, deren Resonanz der unseren gleicht. «
>
> http://newsage.de/2010/11/resonanz-aus-dem-herzen/

21. Dezember 2012

Jeder kennt wohl die Diskussionen um den 21. Dezember 2012: Nach z.B. der Ansicht des deutschen Wissenschaftlers Sven Gronemeyer beziehen sich Inschriften auf Maya-Tafeln auf das Ende eines Zyklus' von 5.125 Jahren seit Beginn des Maya-Kalenders im Jahr 3.113 vor Christus. Vielen Wissenschaftlern zufolge steht uns allen eine Erneuerung, eine neuartige, andere geistige Entwicklung bevor. Welche Meinung auch immer Menschen dazu haben, Fakt ist, das Magnetfeld der Erde ändert sich bereits. Und das hat Auswirkungen auf alle Energiefelder. Auch auf die unserer Hunde.

Morphisches Feld (das sog. wissende Feld)

»Ich möchte heute ein Thema vorstellen, das nur wenigen Menschen bekannt ist. Ein Phänomen, dass in der Biologie „morphogenetische Felder, oder auch morphische Felder" genannt wird. Der Öffentlichkeit bekannt wurden sie durch den englischen Biologen und Biochemiker Prof. Rupert Sheldrake. Diese Felder sind wissenschaftlich anerkannt, Ihre Bedeutung auf die Arten unumstritten. Sheldrake bezeichnet sie nach über 25 Jahren Forschung als „Gedächtnis der Natur". So ein Feld ist die Rahmenbedingung, der ein lebendiges System seine typische Organisation und seine spezifischen Aktivitäten verdankt. Nach den Aussagen der modernen Physik sind sie fundamentaler als die Materie. Diese Felder sind auch nicht mit Begriffen der Materie zu erklären, sondern umgekehrt: Um die Materie zu erklären, greift man auf die Begriffe „Energie" und „Feld" zurück.«

http://www.welpen.de/service/jetter/artikel12.html

»Am 14. und 15. Mai 2011 fand ein Quantica Kongress statt. Hier trafen sich namhafte Wissenschafter und Interessierte, um die geheimnisvolle Welt der

Quanten und ihrer Hintergründe der Öffentlichkeit verständlicher und zugänglicher zu machen.«

http://otacun.net/2011/06/der-ruckblick-zum-kongress-evolution-bewusstsein-quantenphysik/

»Weltweit forschen Wissenschaftler zum Thema Quantenphysik und der Rolle unseres Bewusstseins. Es konnte in vielen Versuchen (auch auf der Quantenebene) erwiesen werden, dass Bewusstsein Materie verändern kann. Institute wie das IONS oder PEAR (Princeton Engineering Anomalies Research Lab) haben unumstößlich bewiesen, dass Materie miteinander verbunden ist, verschränkt in einem einzigen, einheitlichen Geflecht – einer Art universeller Einheit.«

http://www.pm-magazin.de/r/mensch/k%C3%B6nnen-gedanken-materie-ver%C3%A4ndern

Ein bekannter Versuch hierzu ist auch das Doppelspaltexperiment. Es hat in der Quantenphysik gezeigt, dass Bewusstsein Materie beeinflusst, zumindest wenn etwas (absichtlich) beobachtet werden soll. Der Beobachter ist selbst Bestandteil der Natur.

TEIL 5

SCHLUSSBEMERKUNGEN

1. Zu den Inhalten des Buches

Einige Inhalte dieses Buches, Aussagen und Entdeckungen von Wissenschaftlern und Autoren sind ganz bestimmt hier und da noch umstritten. Sinnverwandte Wörter wären: kontrovers diskutiert, polarisiert. Das ist auch gut so. Bitte überprüfen Sie Aussagen und hinterfragen Sie Zusammenhänge für sich. Ich bin keine Wissenschaftlerin, nur eine Hundetrainerin, die die Erfahrung gemacht hat, mit Hilfe dieser Energiearbeit Menschen und ihren Hunden helfen zu können. Zumindest den Menschen, die offen sind für diese Vorschläge. Hören Sie auf Ihr Innerstes, denn das bringt Auseinandersetzung in Gang und kann Dinge bewegen. Informationen zu diesen Themen stehen jedem fast unbegrenzt zur Verfügung.

Doch so unwahrscheinlich es für manchen auch klingen mag, denken Sie vielleicht auch daran: Waren nicht viele Aussagen unserer menschlichen Entwicklung umstritten?

Der italienische Astronom Galileo Galilei, der von 1564 bis 1642 lebte, richtete als erster ein Fernrohr zum

Himmel. Mit Hilfe dessen kam Galilei zu der Behauptung, dass die Erde eine Kugel sei und um die Sonne kreise. Diese Theorie wurde schon circa 50 Jahre früher, vom berühmten Astronom Kopernikus vertreten. Und auch in der Antike gab es bereits ähnliche Ansätze. Die Entdeckungen und Wahrheiten ließen sich, trotz der Versuche der Kirche, nicht vor der Menschheit verbergen. Ein neues Zeitalter begann, so wie auch das heutige Zeitalter der Quanten.

»Die im 20. Jahrhundert gewonnenen physikalischen und neurologischen Erkenntnisse berühren fundamental die gelehrten Auffassungen über Materie und Energie, Information und Bewusstsein. Das Bewusstsein nimmt in der Quantenphysik die Schlüsselrolle ein, auch wenn die Konsequenzen mit den intellektuellen Mitteln des menschlichen Verstandes nicht vollständig erfasst und verstanden werden können. Doch die Quantenphysik ist die Perspektive, um Heilerfolge zu akzeptieren, ohne sie als unerklärlich oder anektotisch aus der wissenschaftlichen Forschungsarbeit auszublenden oder gar zu ignorieren. Dabei bietet die Placeboforschung keinen so befriedigenden Ansatz wie ihn die Quantenphysik liefert.«

http://www.prmaximus.de/34125

Die Wirkung von Homöopathie ist umstritten, obwohl es eine Masse Menschen gibt, die ihre Beschwerden damit lindern können. Es gibt einen Zentralverein homöopathisch arbeitender Ärzte. Unter bestimmten Umständen zahlen Krankenkassen einen Teil der Beratung von Ärzten mit Kassenzulassung. Homöopathie nennt man auch ›Therapie auf Seelenebene‹.

Akupunktur ist vor einigen Jahrzehnten noch belächelt worden, heute zahlt die Krankasse auch hier unter bestimmten Umständen die Behandlungen. Akupunktur kann Störungen im Energiefluss des Organismus beheben. Medizinisch ist diese Behandlungsart inzwischen anerkannt.

Alte Völker wissen seit Jahrhunderten um die Zusammenhänge von Familie und Natur. Die ›moderne‹ Art, an das Wissen zu gelangen, ist z.B. die Tier- und Familienaufstellung oder die Quantenheilung, die hier in diesem Buch vorgestellt werden.

> »Alleine der Fakt, dass die alten Mayas früher geschickt medizinische Operationen beispielsweise an den Zähnen oder auch am Gehirn durchzuführen wussten, ist beeindruckend. Zudem wussten die Mayas von den verschiedensten astronomischen Ereignissen, wie beispielsweise der Sonnenaktivität (genauer: Sonnenflecken) oder Mondfinsternissen, welche sie als wichtige Jahrespunkte in ihren Kalender integrierten. Sie beherrschten also bereits damals die Wissenschaft der exakten Astronomie und waren imstande, architektonische Meisterleistungen zu vollbringen. Und dies zu einem Zeitpunkt, wo unsere Kulturen sich noch in der tiefsten Steinzeit befanden(!!)«
>
> http://www.balam-ix.com/category/kulturen_voelker/mayas/

Seit die moderne Welt Medikamente zur Symptom-Behandlung entwickelte, ging der Weg in eine andere Richtung. Unsere Böden sind übersäuert aus vielen Gründen, unsere Seelen sind ruhelos. Krankheiten wie Burn-out, Rückenleiden, Ängste und Depressionen sind an jeder Straßenecke anzutreffen. Menschen befassen sich in der heutigen Zeit mehr und mehr mit alternativen Möglichkeiten.

Ich hoffe, ich habe Sie motivieren können, sich mit diesen Dingen tiefer auseinander zu setzen. Ich wünsche Ihnen von Herzen, Ihre Wahrnehmung hat sich verändert und Sie können sich öffnen für andere Wege. Ich kann für mich und meine Kunden sagen:

Es lohnt sich, für uns und unsere Hunde, sich auf mehr als nur Training einzulassen. Die Hunde zu achten wie sie sind. Als Rudeltiere, die Struktur und Ordnung brauchen, so wie wir Menschen auch. Im alltäglichen Umgang und systemisch gesehen. Nein, und Hunde sind nicht immer ›nett‹ zu einander, auch wenn wir Menschen das gerne anders hätten. Wenn es z.B. darum geht, das Rudel zu sichern und zu erhalten, agieren sie auch körpersprachlich, sie bieten keine Ablenkung oder Leckerchen an, sie bitten nicht darum, verstanden zu werden. Sie vertreten ihren Standpunkt. Ob dieser Standpunkt einiger Hunde natürlich oder alltagstauglich ist, hängt sehr oft mit dem Umgang und der Beeinflussung des Menschen zusammen. Hunde brauchen souveräne, handlungsfähige Halter. So wie Kinder starke Eltern brauchen. Führung und soziale Kompetenz sind hier die Zauberworte. Und dafür ist so einiges nötig, vor allem an

Wissen. Konditionierung und Hilfsmittel sind nur Tricks und Hilfen für uns Menschen, die nicht abzulehnen sind, aber mit Bedacht und bewusst (mit Wissen) eingesetzt werden sollten. Im richtigen Moment belohnen und im falschen Moment locken, sind ganz große Unterschiede. Dabei spielt ein ruhiges Umfeld eine wichtige Rolle. Wenn wir Menschen in der Lage sind, selbst strukturierter und demütiger der Natur gegenüber zu werden, werden wir ein anderes Gefühl entwickeln können, und somit wird sich auch für unsere Hunde einiges verändern können. Es gibt für jeden Menschen immer viele Wege, um ans Ziel zu kommen. Und jeder tut das in seiner Geschwindigkeit, seinen Möglichkeiten entsprechend und in seiner Wahrnehmung. Seelen haben ihre eigenen Gesetze. Man muss diese Gesetze achten und vorsichtig damit umgehen. Wichtig ist nur, dass Sie ein Ziel haben und das konsequent verfolgen. Offen, interessiert, kritisch und mutig. Finden Sie für sich heraus, was Ihnen helfen kann. Solange Sie suchen, werden Sie auch Wege finden. Solange Sie fragen, werden Sie Antworten bekommen. Das ist die Basis von Entwicklung.

2.   Quellenverzeichnis und Anregungen zu Büchern und DVDs

Mit meiner Liste von Tipps möchte ich nicht unendlich viele andere Bücher, die hier nicht aufgeführt sind, von Forschern oder Trainern, die auch den Kern vieler Dinge treffen, abwerten oder ausschließen. Hier kann ich nur für Sie eine kleine Liste von Informationen zusammenstellen. Wenn Sie die Bücher lesen oder im Internet forschen, werden Sie auf viel mehr treffen.

Bücher/DVDs über Hundehaltung oder Erziehung:

- Michael Grewe: Hoffnung auf Freundschaft: Das erste Jahr des Hundes – Hunde brauchen klare Grenzen: Gesetze einer Freundschaft.
- Maria Hense: Der hyperaktive Hund.
- Cesar Millan: Tipps vom Hundeflüsterer: Einfache Maßnahmen für die gelungene Beziehung zwischen Mensch und Hund (und viele weitere Bücher von ihm).
- DVDs von Anita Balser.
- Shaun Ellis: Der mit den Wölfen lebt.
- Erik Zimen: Der Hund.
- Eric. H. W. Aldington: Von der Seele des Hundes.
- Patricia B. Mc Connell: Liebst du mich auch? Das andere Ende der Leine.
- Bücher von Dr. Dorit Urd Feddersen-Petersen.
- Bücher von Günther Bloch.

Familien- Tieraufstellungen:

- Ivan Boszormenyi-Nagy: Unsichtbare Bindungen.
- Thomas Schäfer: Was die Seele krank macht – Wenn der Körper Signale gibt.

- Professor Dr. Franz Ruppert: Trauma, Bindung und Familienstellen. Seelische Verletzungen verstehen und heilen.
- Peter Klein und Sigrid Limberg-Strohmaier: Das Aufstellungsbuch.
- Bert Hellinger/Berthold Ulsamer: Ohne Wurzeln keine Flügel – Die systemische Therapie.
- R. Sonnenschmidt: Systemische Tieraufstellung: Psychologischer Leitfaden für Tiertherapeuten und Tierhalter – Das Tier im Familiensystem: Psychologischer Leitfaden für Tierarzt und Tierhalter.

Quantenheilung:

- Fei Long: Quantenheilung leicht gemacht.
- Günter Heede: Matrix Inform: Heilung im Licht der Quantenphysik – Selbstanwendung leicht gemacht.
- Günter Heede: Den Lebensplan erkennen mit Matrix Inform.

Allgemeines:

- Dr. Rüdiger Dahlke: Das Schatten-Prinzip: Die Aussöhnung mit unserer verborgenen Seite.
- Pierre Franckh: Das Gesetz der Resonanz.
- Dr. Michael König: Der kleine Quantentempel – Selbstheilung mit moderner Physik.
- Dr. Med. Michael Winterhoff/Carsten Tergast: Warum unsere Kinder Tyrannen werden. Empfehlenswert ist von diesen Autoren sicherlich auch: Lasst

Kinder wieder Kinder sein! Oder: Die Rückkehr zur Intuition.

- Prof. Dr. Rupert Sheldrak: Sieben Experimente, die die Welt verändern könnten. Und: Der siebte Sinn der Tiere, die geheimen Fähigkeiten der Tiere.
- Louise L. Hey: Wahre Kraft kommt von Innen.

Im Netz bei YouTube:

- Interviews mit Dr. König.
- Interviews mit Dr. Rüdiger Dahlke.
- Filme über ›The Bleeb‹ oder ›The Secret‹.

3. Dank:

Einigen Menschen möchte ich als Mensch und Trainerin ganz besonderen Dank widmen. Sowie auch dem Team der Hundeschule.

Meinen Eltern, die mir auf ihre Art geholfen haben, meinen eigenen Weg zu gehen. Es ist alles gut und richtig wie es war und heute ist. Vielen herzlichen Dank.

Meinem großzügigen lieben Ehemann Thomas, der mir immer mit Rat und Tat zur Seite stand und meiner Entwicklung mit Überzeugung gefolgt ist. Ohne ihn hätte vieles nicht entstehen können.

Wir beide danken unseren drei wunderbaren Hunden, die uns immer wieder Grenzen aufgezeigt und auf Dinge aufmerksam gemacht haben. Es gab und gibt immer noch Momente der Herausforderung, die gelöst werden wollen, lustige und wunderschöne Momente, die wir genießen, und auch Lernerfahrungen, die wir dankbar annehmen. Mit einem Rudel von drei Hunden zusammen leben zu dürfen, ist eine wunderbare Erfahrung. Es lehrt uns täglich Geduld, Klarheit und Gelassenheit. Eine Balance zwischen Abgrenzung und Liebe.

Der Heilpraktikerin Eva-Maria Wunderlich, die mich begleitet hat bei vielen Prozessen. Danke Eva, für die Beratung, deine Informationen für dieses Buch, deine Geduld und deine Energie und viele Erlebnisse. Und Danke für den Glauben an mich.

Susanne Knorr, die mir geholfen hat, mit den Matix In-form®-Seminaren, Aufstellungen und vielen Gesprächen und Erkenntnissen. Danke auch für das Kapitel über Quantenheilung in diesem Buch.

Angelika Reinhardt, die mit ihrer klaren, mitfühlenden Art und umfassenden Beratung vielen Kunden sowie ihren Hunden unserer Schule auf nachhaltige Art hilft. Vielen Dank für die Informationen an die Leser dieses Buches.

Michael Strunk, der unser Team bei unserer Arbeit heute unterstützt und auch mit einem Abschnitt in diesem Buch den Lesern Einblick in seine eigene Entwicklung gegeben hat. Vielen Dank Michael, für viele Erlebnisse.

Das ganze Team dankt den vielen unglaublichen Hun-dehaltern und ihren Hunden, die keine Mühen gescheut haben, ihr Leben zu verändern und sich auseinander zu setzen. Vielen Dank für euer Vertrauen, eure Offenheit und die Möglichkeit, eure Entwicklung begleiten zu dür-fen. Und wir werden eure Wünsche erfüllen: Wir bleiben direkt, offen, ehrlich, kontrovers und geben weiterhin alles, um vielen Haltern und Hunden zu helfen, Heilung zu erfahren. Wir danken aber auch für die Erfahrungen mit den Haltern, deren Weg in andere Richtungen gehen musste, um ihre eigene Art der Entwicklung zu leben.

Wir danken dem Universum für die vielen Erfahrungen, die wir bis hierhin machen durften, und weiterhin machen dürfen. Auch wenn sie hin und wieder schmerzhaft waren. Es gehörte zu unserer Entwicklung.

Und wir danken auch den Lesern für ihr Interesse. Wir hoffen, mit einigen Ideen und Möglichkeiten Hilfestellung bieten zu können.

Hunde und ihre Menschen
Silvia Hüllenkremer

1. Auflage
März 2013

ISBN Buch: 978-3-944050-35-5
ISBN E-Book: 978-3-944050-36-2
Korrektorat: Ulrike Rücker • ulrike.ruecker@klecks-verlag.de
Umschlaggestaltung: Ralf Böhm
info@boehm-design.de • www.boehm-design.de

© 2013 KLECKS-VERLAG
Würzburger Straße 23 • D-63639 Flörsbachtal
info@klecks-verlag.de • www.klecks-verlag.de

Bibliografische Information der Deutschen Nationalbibliothek:
Die Deutsche Nationalbibliothek verzeichnet diese Publikation in der
Deutschen Nationalbibliografie; detaillierte bibliografische Daten sind
im Internet über http://dnb.d-nb.de abrufbar.